n d

IIIb
3

5 21Sc candium
89 39Y Yttrium
175 71Lu Lutetiu
(260 103L Lawrenc

Katherina Standhartinger
Chemie für Ahnungslose

Chemie für Ahnungslose

Eine Einstieghilfe für Studierende

von
Katherina Standhartinger

Mit 15 Abbildungen, 31 Tabellen

S. Hirzel Verlag Stuttgart · Leipzig 2000

Die Deutsche Bibliothek - CIP-Einheitsaufnahme

Standhartinger, Katherina:
Chemie für Ahnungslose : eine Einstieghilfe für Studierende ; mit 31 Tabellen / von Katherina Standhartinger.
- Stuttgart ; Leizig : Hirzel, 2000
ISBN 3-7776-1008-9

Printed in Germany
Satz: A & M dtp, Stuttgart
Druck: Druckerei Hofmann, Schorndorf
Umschlaggestaltung: Atelier Schäfer, Esslingen

Vorwort

Wie bitte? Eine Chemieprüfung muß ich machen? Von Chemie hatte ich doch schon in der Schule keine Ahnung!

Immer wieder mischt sich mit diesem Aufschrei ein besonderes Entsetzen in die Unsicherheit, die die meisten Studienanfänger ohnehin schon empfinden, wenn sie im Anschluß an den gewohnten schulischen Ablauf oder nach einer Phase der Berufstätigkeit ein Universitäts- oder Fachhochschulstudium aufnehmen: Denn tatsächlich verlangen die meisten naturwissenschaftlich oder technisch ausgerichteten Studienfächer im Verlauf des Studienganges eine oder gar mehrere schriftliche Prüfungen in Chemie.

Studenten, die *Chemie im Nebenfach* belegen müssen, können in der Regel verhältnismäßig wenig Engagement für dieses Fach aufbringen, da die vorrangigen Hauptfächer die meiste Energie während des Semesters beanspruchen: Die Vorbereitungen auf die Chemieprüfung müssen oft innerhalb einer sehr engen Zeitspanne erfolgen, wobei sich dann „Altlücken" aus der Schulzeit ganz besonders schmerzlich bemerkbar machen.

Doch auch Studenten der *Chemie im Hauptfach* sind oft mit dem Tempo der Wissensvermittlung stark gefordert und wünschen sich ein überschaubares Nachschlagewerk für ganz grundlegendes Wissen.

Das vorliegende Buch behandelt die fachlichen Grundlagen der Chemie, wie sie von einer Universität oder Fachhochschule als selbstverständliches, in jeder weiterführenden Schule obligatorisch erworbenes Wissen vorausgesetzt werden. Es richtet sich demnach an alle Studierenden oder Schüler, die entweder das chemische Basiswissen mit möglichst geringem zeitlichem Aufwand erarbeiten oder gezielt einzelne grundlegende Details nachschlagen wollen.

Es ist das Hauptanliegen des Buches, verständliche Erklärungen anzubieten, andererseits wurde ganz bewußt eine möglichst knappe Art der Darstellung gewählt, um zeitliche Engpässe zu berücksichtigen. Wichtige und in der chemischen Praxis häufig gebrauchte Verbindungen wurden mit Namen und Formel in die Erklärungen einbezogen, um stoffliche Bezüge zu schaffen. Vom Schulbuch unterscheidet sich dieses Buch dadurch, daß die chemischen Zusammenhänge nicht über den Versuch erschlossen werden, sondern als solche ohne Umschweife präsentiert und erklärt werden.

Zu den obligatorisch in den Prüfungen abgefragten Anwendungen des Wissens zur Stöchiometrie, zu den Säure-Base- sowie den Redoxreaktionen finden sich ausgewählte Übungsaufgaben unterschiedlichen Schwierigkeitsgrades. Die ausführlichen Lösungen sollen das Einüben einer korrekten schriftlichen Formulierung chemischer Sachverhalte unterstützen.

Chemisches Vorwissen ist für die Arbeit mit dem Buch von großem Nutzen, jedoch nicht unabdingbare Voraussetzung – es soll auch dem echten Neuling den Einstieg ermöglichen.

Memmingen, Februar 2000 — Katherina Standhartinger

Inhaltsverzeichnis

1 Einführung

Zunächst stellt sich die Frage:
Was ist eigentlich Chemie?

Man kann bei einer chemischen Reaktion mit den Sinnen Veränderungen wahrnehmen. Zunächst bleibt jedoch verborgen, was genau geschieht. Dieses zu erforschen ist das Aufgabengebiet der Chemie.

Die Chemie ist eine exakte Naturwissenschaft, d.h. die Fragestellungen werden durch Experimente und Messungen gelöst.

Der Forschungsgegenstand ist der Stoff und seine Veränderungen bei chemischen Vorgängen:

- Die Chemie ist die Lehre von den Stoffen und den Stoffänderungen.
- Soweit sich die Physik mit den Stoffen befaßt, untersucht sie Zustände und Zustandsänderungen.

2 Übersicht über die Aggregatzustände

Stoffe können in drei Aggregatzuständen vorkommen: *fest, flüssig, gasförmig.*

Die Begriffe *Schmelzen, Erstarren, Verdampfen, Kondensieren, Sublimieren* und *Resublimieren* bezeichnen die Übergänge zwischen den Aggregatzuständen.

Beispielsweise versteht man unter einer **Sublimation** den Übergang *fest – gasförmig*, wie es z.B. beim Trocknen gefrorener Straßen möglich ist.

Der Vorgang in der umgekehrten Richtung ist die **Resublimation** und geschieht bei der Bildung von Rauhreif.

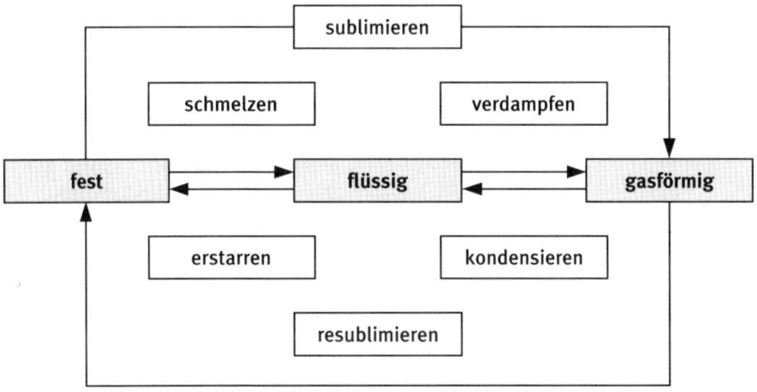

Abb. 2.1: Die Aggregatzustände und ihre Übergänge

Der Übergang *fest* → *flüssig* → *gasförmig* erfolgt unter *Energiezufuhr.*
Der Übergang *gasförmig* → *flüssig* → *fest* geschieht unter *Entzug* von *Energie.*

Es gelten folgende Abkürzungen: (g) = gasförmig, (l) = flüssig, engl. **l**iquid, (s) = fest, engl. **s**olid

3 *Stoffe, Gemische, Reinstoffe, Elemente*

Früher glaubte man, die verschiedenen „Stoffe“, wie auch ihre Eigenschaften, seien das Ergebnis unterschiedlicher Mischungen von *Feuer, Wasser, Erde* und *Luft*.

Heute ordnet man die Stoffe aufgrund ihrer chemischen Zusammensetzung ein:

Tab. 3.1: Einteilung der Stoffe

Stoff	**bezeichnet jegliche Art von Materie**
(Stoff-)Gemisch	kann durch verschiedene physikalische bzw. chemische Maßnahmen in seine Bestandteile (Reinstoffe) zerlegt werden
Reinstoffe	sind chemische Verbindungen bzw. Elemente
Verbindungen	bestehen aus zwei oder mehreren chemischen Elementen, die über chemische Bindungen verknüpft sind
Elemente	sind mit den gängigen chemischen Methoden nicht weiter zerlegbar

4 *Die Einteilung der Reinstoffe – einige wichtige Begriffe*

- **Reinstoffe** sind chemisch reine Substanzen, d.h. sie sind nicht mit anderen Stoffen vermischt.
  Sie besitzen bei gleichbleibenden äußeren Bedingungen *(Druck, Temperatur)* immer die gleichen Eigenschaften, wie *Siedepunkt, Schmelzpunkt, Dichte* usw.
- Sowohl chemische *Verbindungen* als auch chemische *Elemente* sind Reinstoffe.

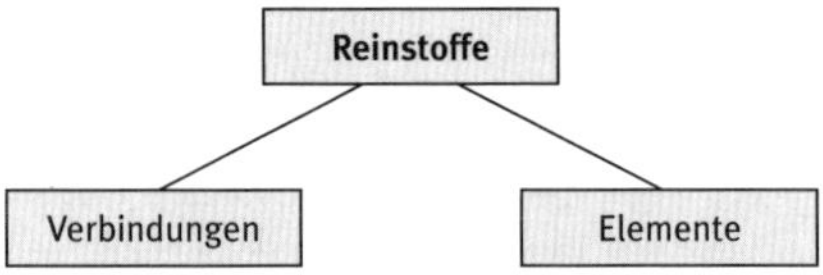

Abb. 4.1: Was sind Reinstoffe?

- Reinstoffe, die *Verbindungen* sind, können durch spezielle chemische Maßnahmen *noch weiter zerlegt werden.*
  Durch diese Zerlegungen entstehen im Endeffekt die an einer Verbindung beteiligten Elemente.
- Reinstoffe, die bereits *Elemente* sind, können *nicht weiter zerlegt* werden.

5 Elemente und ihre Symbole

Das heute gebräuchliche Formelsystem, das den einzelnen Elementen Kürzel aus einem oder zwei Buchstaben zuweist, geht auf den Chemiker *Berzelius* zurück, der damit eine *international verwendete chemische Zeichensprache* schuf:

Jedes chemische Element erhielt ein Symbol, das von seinem lateinischen oder griechischen Namen abgeleitet wurde.

Nachfolgend werden die gebräuchlichsten und am häufigsten verwendeten Elementsymbole vorgestellt, deren sichere Beherrschung für eine weitere erfolgreiche Beschäftigung mit chemischen Grundlagen absolut erforderlich ist:

5.1 Die ersten zwanzig Elemente *(Ordnungszahl 1 – 20)*

Tab. 5.1: Die Symbole der ersten zwanzig Elemente

H	Wasserstoff
He	Helium
Li	Lithium
Be	Beryllium
B	Bor
C	Kohlenstoff
N	Stickstoff
O	Sauerstoff
F	Fluor
Ne	Neon
Na	Natrium
Mg	Magnesium
Al	Aluminium
Si	Silicium
P	Phosphor
S	Schwefel
Cl	Chlor
Ar	Argon
K	Kalium
Ca	Calcium

5.2 Weitere wichtige Elemente

Die nachstehend genannten Elemente werden erfahrungsgemäß häufig bei der Behandlung chemischer Grundlagen gebraucht. Die Zahl in Klammern bezeichnet jeweils die Ordnungszahl. Im PSE (Periodensystem der Elemente) steht sie links unten neben dem Elementsymbol.

Tab. 5.2: Symbole und Ordnungszahlen wichtiger Elemente

Cr	Chrom	(24)
Mn	Mangan	(25)
Fe	Eisen	(26)
Co	Kobalt	(27)
Ni	Nickel	(28)
Cu	Kupfer	(29)
Zn	Zink	(30)
Br	Brom	(35)
Ag	Silber	(47)
Cd	Cadmium	(48)
Sn	Zinn	(50)
Sb	Antimon	(51)
I	Iod	(53)
Ba	Barium	(56)
Au	Gold	(79)
Hg	Quecksilber	(80)
Pb	Blei	(82)
Ra	Radium	(88)

Die Symbole werden zum einen dazu verwendet, die Elementnamen zu repräsentieren, zum anderen um Einzelatome eines jeweiligen Elementes zu bezeichnen.

6 Der Bau des Atoms

Die wesentlichen Aussagen des frühen *Dalton*-Atommodells, bei dem die Atome als winzige Massekügelchen angesehen werden, lauten wie folgt:

- Die verschiedenen Elemente bestehen aus kleinsten, bei chemischen Vorgängen ungeteilt bleibenden Atomen.
- Die Atome eines Elementes sind gleich. Sie besitzen die gleiche Masse.
- Atome *verschiedener Elemente* sind verschieden. Sie besitzen unterschiedliche Massen.

Diese Modellvorstellung wurde inzwischen erweitert (z.B. kennt man heute zusätzlich das Schalenmodell, siehe Kap. 7, und das Orbitalmodell) und zum Teil korrigiert.

6.1 Das Kern-Hülle-Modell

Der Nobelpreisträger *Rutherford* kam durch seine Untersuchungen zu einer Modellvorstellung für den Bau der Atome, die von einem positiv geladenen Atomkern und einer negativ geladenen Atomhülle ausgeht.

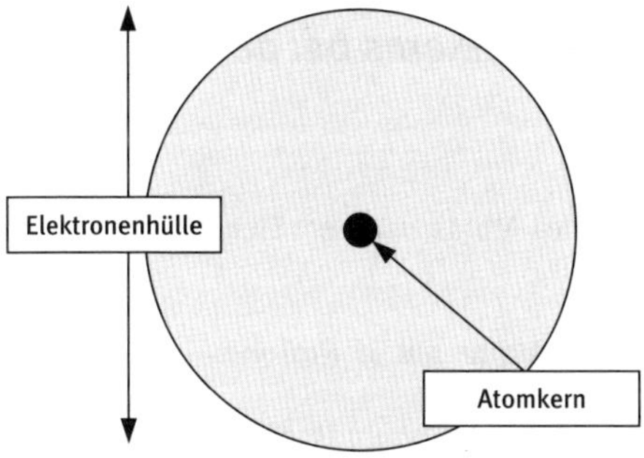

6.2 Bestandteile von Atomkern und Elektronenhülle

Mit Hilfe von Hochspannung lassen sich im Hochvakuum an Atomen Ladungstrennungen durchführen, was zu folgender Interpretation führte:

- Die Atomkerne vereinigen zwei Arten von *Nucleonen*, die **positiv** geladenen *Protonen* und die **neutralen** *Neutronen*.
- In der Hülle befinden sich die *Elektronen* mit ihrer **negativen** Ladung.
- Protonen, Neutronen und Elektronen bezeichnet man als *Elementarteilchen*.

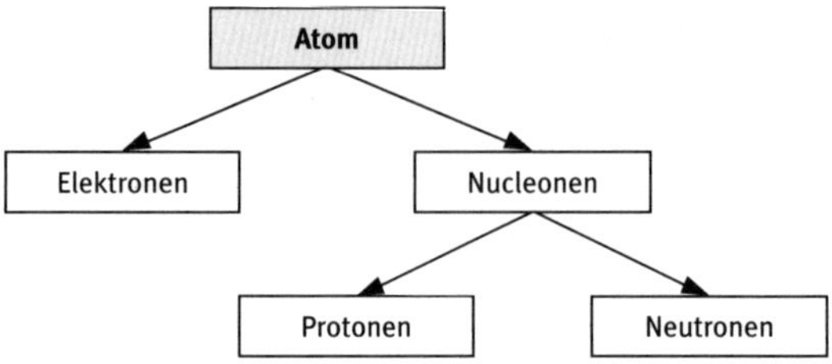

Elementarteilchen	Abkürzung	Ladung
Elektron	e^-	–1 negativ
Proton	p^+, p	+1 positiv
Neutron	n	0 neutral

Abb. 6.1: Übersicht über die Elementarteilchen

Atome sind nach außen hin *neutral*, d.h. *ungeladen*, also ist die *Anzahl der Protonen gleich der Zahl der Elektronen.*

6.3 Der Bau des Atomkerns bei den einzelnen Elementen

6.3.1 Protonen

Die Zugehörigkeit eines Atoms zu einem Element richtet sich streng nach der Protonenzahl im Kern!

Also steht z. B. fest, daß Atome mit *35 Protonen* im Kern *ausschließlich* dem Element *Brom* zuzuordnen sind.

Die Protonenzahl heißt auch *Ordnungszahl* oder *Kernladungszahl.*

Im **P**erioden**s**ystem der **E**lemente (= PSE) sind die Elemente nach der steigenden Protonenzahl in den jeweiligen Atomkernen angeordnet.

Tab. 6.1: Beispiele für Protonenzahlen in den Kernen verschiedener Elemente

Element	Protonenzahl p = Ordnungszahl (OZ)
Wasserstoff	1
Kohlenstoff	6
Brom	35
Blei	82

6.3.2 Neutronen und Isotope

In den Atomkernen ist die Neutronenanzahl n *ungefähr gleich* der Protonenzahl p.

Aber:

Die Kerne der Atome **eines** Elementes (sie besitzen die gleiche Protonenzahl p) können sich in der Zahl der Neutronen n unterscheiden.

Man bezeichnet diese unterschiedlichen Atome (Masse!) als *Isotope* ein- und desselben Elementes.

Tab. 6.2: Verschiedene Isotopenarten bei unterschiedlichen Elementen.

Element	**H**	**He**	**Li**	**C**	**N**	**O**	**F**
p	1	2	3	6	7	8	9
n1 < p	0	–	–	–	–	7	–
n2 = p	1	2	3	6	7	8	9
n3 >p	2	3	4	7	8	–	10
n4 >p	–	–	–	8	–	–	–

n = Neutronenanzahl, p = Protonenzahl

Man unterscheidet *Reinelemente*, die in allen Kernen dieselbe Neutronenzahl aufweisen, von den *Mischelementen*, die wesentlich häufiger sind und in deren Kernen sich die Neutronenzahlen unterscheiden.

Die **Summe p + n** wird als **Massenzahl** bezeichnet.

6.3.3 Schreibweise

Um auf einen Blick die Kernsituation des jeweiligen Elementes erfassen zu können, wird im PSE nachstehende Schreibweise verwendet:

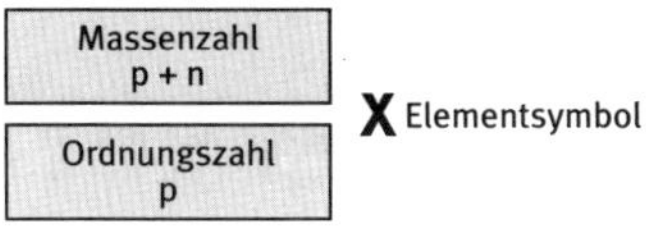

Beispiel:

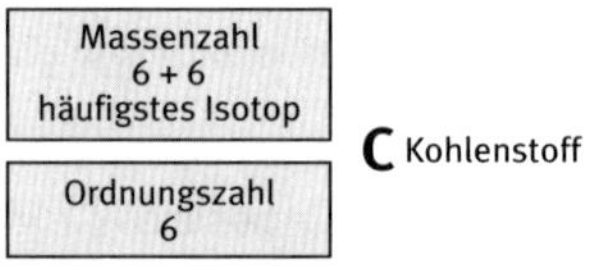

Abb. 6.2: Schreibweise eines Elementes im Periodensystem

Die Dezimalbrüche für die genaue Massenzahl kommen durch eine Durchschnittsbildung der Massenzahlen „aller“ Atome (= Isotope) des betreffenden Elementes zustande.

7 *Das Schalenmodell der Atomhülle*

Die Elektronen **e^-** (nachfolgend wird immer wieder diese Abkürzung verwendet werden) ordnen sich in der Elektronenhülle des jeweiligen Atoms nach bestimmten Gesetzmäßigkeiten an.

Die Modellvorstellung geht davon aus, daß sich die energetischen Zustände (Energiestufen), denen die einzelnen e^- zugeordnet sind, zunächst vereinfacht mit **Schalen** beschreiben lassen, die **konzentrisch um den Atomkern** angeordnet sind.

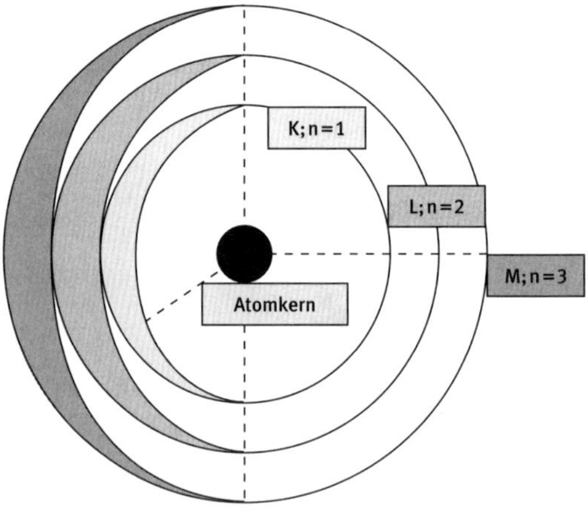

Abb. 7.1: Ansicht des Schalenmodells für die ersten drei Schalen K, L, M

- Bei den schwersten Atomen sind bis zu **7 Energiestufen** mit e^- besetzt.
- Auf jeder dieser Energiestufen hat eine festgelegte Zahl von e^- „Platz“.

7.1 Die Besetzung der Energiestufen mit Elektronen

Tab. 7.1: Hauptquantenzahlen und deren maximale Elektronenbesetzung

Bezeichnung der Schalen	Hauptquantenzahl n	maximale Anzahl von e^-
K	1	2
L	2	8
M	3	18
N	4	32
O	5	50
P	6	72
Q	7	98

Die Übersicht zeigt, wieviele e^- jeweils *maximal* auf den Schalen K – Q (Hauptquantenzahlen 1 – 7) Platz finden könnten, für den Fall, daß diese *alle vollständig* besetzt würden.

Dieses ist aber *nur* bei den Schalen *K, L, M, N* (Hauptquantenzahlen 1 – 4) der Fall. Das bedeutet, es gibt *nicht ein Atom*, bei dem die *O- ,P- oder Q-Schale vollständig besetzt* ist.

Für die Ermittlung der e^--Zahl, die pro Schale prinzipiell möglich ist, gilt die einfache Formel

$$2\,n^2$$

(n = Hauptquantenzahl).

7.2 Die Verwendung des Periodensystems der Elemente

Das im Buch abgedruckte Periodensystem der Elemente eignet sich besonders zum Einüben der Besetzung der Hauptschalen mit e^-, da die farbige Unterlegung der Elemente die „Zuweisung der e^- zu den jeweiligen Hauptschalen" verdeutlicht.

Wir erinnern uns:

- Die Elemente sind im PSE nach steigender Ordnungszahl p angeordnet.
- Beim Element mit der Ordnungszahl p + 1 tritt im Kern ein Proton und in der Hülle ein e^- hinzu.
- Die *Ordnungszahl p* gibt somit auch *Auskunft über die Anzahl der e^-* in der Hülle der Atome eines Elementes.

Folgende Überlegungen sollen Klarheit schaffen:

- Die K-Schale faßt 2 e^-;
  sie wird bei den Elementen Wasserstoff H und Helium He besetzt.
  He besitzt mit seinen 2 e^- eine *abgeschlossene* Hauptschale K (siehe auch Ausnahme von der Oktettregel, Kap. 25).
  Die der *K-Schale* zugeordnete Farbe ist blau
  → bei den blau unterlegten Elementen wird die K-Schale (Hauptquantenzahl n=1) mit e^- besetzt.
- Die L-Schale faßt 8 e^-;
  sie wird bei den Elementen Lithium Li bis Neon Ne besetzt.
  Allerdings ist auch bei diesen Elementen die *K-Schale vorhanden* und bereits mit e^- besetzt.
  Diese e^- dürfen auf keinen Fall vergessen werden.
  Die „neue" Schale L umschließt die K-Schale!
  Die der *L-Schale* zugeordnete Farbe ist orange
  → bei den orange unterlegten Elementen wird die L-Schale besetzt.

Das *Element Ne* besitzt demzufolge *10* e^-: Zwei e^- sind auf der K-Schale, 8 e^- sind auf der L-Schale.

Tab. 7.2: Zuordnung der Hauptquantenzahl zur Farbe im PSE

Schale	**maximale e^--Zahl**	**Farbe**	**Bemerkung**
K	2	**blau**	wird voll bei **He**
L	8	**orange**	wird voll bei **Ne**
M	18	**rot**	wird voll bei **Zn**
N	32	**gelb**	wird voll bei **Yb**
O	(50)	**lila**	wird bis zu 32 e^- besetzt (**No**)
P	(72)	**hellgrün**	wird bis zu 15 e^- besetzt (**Mt**)
Q	(98)	**braun**	wird nur mit einem oder zwei e^- besetzt (**Fr, Ra**)

Die Anzahl und Anordnung der e^- auf den Schalen der Atome ist für jedes Element charakteristisch und wird als **Elektronenkonfiguration** bezeichnet.

Übung:
Tragen Sie in die folgende Tabelle die *Elektronenkonfiguration* für die Atome der genannten Elemente ein!

Element	K-Schale	L-Schale	M-Schale	N-Schale
He				
C				
F				
Ne	2	8	0	0
Na	2	8	1	0
Al				
Ar				
Ca				

Achtung:
Bei den auf das *Ar* (Ordnungszahl 18) folgenden Elementen wird mit der Besetzung „neuer" Schalen durch e^- begonnen, *bevor* die vorangegangene voll besetzt ist.

So kommt beim *K* das neu hinzutretende e^- auf die N-Schale, obwohl die M-Schale mit 8 e^- noch nicht einmal zur Hälfte gefüllt ist.

Mit wachsender Ordnungszahl werden die Verhältnisse zunehmend unübersichtlich, *wobei die „Farbe" des Elementes stets Auskunft darüber gibt, auf welcher Schale das neu hinzukommende e^- eingebaut wird.*

Titan im PSE:
rot unterlegt → neues e^- wird auf der M-Schale eingebaut, es ist das zehnte e^- auf dieser Schale (rote Elementkästchen bis zum Ti abzählen!).
Ti besitzt jedoch auch bereits zwei e^- auf der N-Schale!
Hinweis: Periodennummer (links im PSE) und Hauptquantenzahl n sind gleich!

Tab. 7.2: Beispiele für Elemente, die *mehrere nicht voll* besetzte Schalen besitzen.

Element, OZ, Farbe	K	L	M	N	O	P	Q
Ti (22), rot	2	8	**10**	**2**			
Ag (47), gelb	2	8	18	**17**	**2**		
Pb (82), hellgrün	2	8	18	32	**18**	**4**	
Ra (88), braun	2	8	18	32	**32**	**8**	**2**

- Vollbesetzte Schalen sind grau unterlegt.
- Nicht voll besetzte sind mit fetten Zahlen gekennzeichnet.

8 Ionen

Bei Ionen handelt es sich um geladene Atome, die durch Elektronenaufnahme oder Elektronenabgabe aus neutralen Atomen entstehen.

8.1 Die Ionisierungsenergie

- Sollen aus der Hülle eines neutralen Atoms ein oder mehrere e^- entfernt werden, so muß *gegen die Anziehungskraft des (positiv geladenen) Atomkernes Arbeit geleistet werden.*
- Die Energie, die zur Abtrennung eines Elektrons aus einem Atom benötigt wird, heißt *Ionisierungsenergie.*
- Die verbleibenden „Restatome" heißen *Ionen* und sind *in diesem Fall positiv* geladen. Die Ladung der Ionen steigt mit jedem e^-, das aus dem Atom entfernt wird, um +1. Positiv geladene Ionen heißen *Kationen.*

8.2 Die Elektronenaffinität

- Den mit der *Aufnahme* von einem oder mehreren e^- durch ein Atom verbundenen Energieumsatz nennt man *Elektronenaffinität.*
- Aus Atomen entstehen dabei *negativ geladene Ionen*, die *Anionen* genannt werden. Mit jedem e^-, das in die Hülle eines zunächst neutralen Atoms aufgenommen wird, steigt die Ladung des Ions um *eine negative Einheit.*

8.3 Die Ionisierung des Aluminium-Atoms

In der nachstehenden Grafik wird eine hypothetische komplette Abtrennung *aller* e^- aus der Hülle des Al-Atoms betrachtet, um eine Vorstellung von den energetischen Zuständen der e^- zu vermitteln.

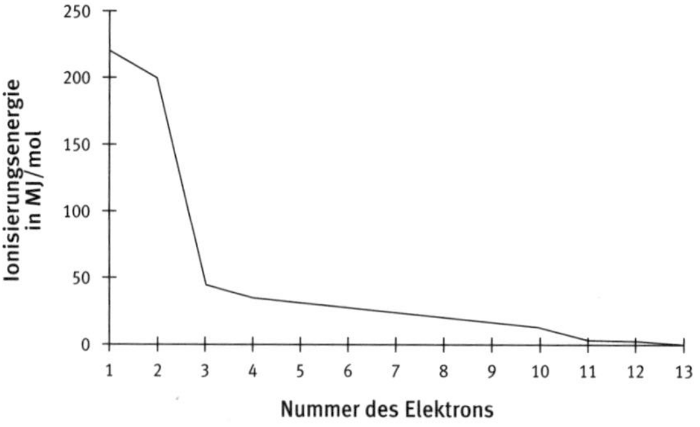

Abb. 8.1: Ionisierungsenergien für alle Elektronen des Al-Atoms

- In der e^--Hülle des Al-Atoms finden sich 13 e^-:
  - * K-Schale 2 e^-
  - * L-Schale 8 e^-
  - * M-Schale 3 e^-
- Zuerst erfolgt die Abspaltung der e^- aus der M-Schale, also Nr. 13, 12, 11. Der Energieaufwand dafür ist gering.
- Darauffolgend werden die e^- Nr. 10 bis einschließlich Nr. 3 von der L-Schale entfernt. Aus der Abbildung ist ein Anstieg des jeweils erforderlichen Energiebetrages ersichtlich.
- Die Abspaltung der e^- Nr. 2 und 1 erfordert einen vergleichsweise sehr hohen Energieaufwand, da diese e^- von der kernnahen K-Schale entfernt werden müssen.

8.4 Schreibweise

Die Ladung der Ionen wird durch hochgestellte, natürliche Zahlen und das Ladungsvorzeichen nach dem Elementsymbol gekennzeichnet.

Beispiele:

$Na^{(1)+}$, Mg^{2+}, Al^{3+}...usw.	**Kationen**
$F^{(1)-}$, S^{2-}, $Cl^{(1)-}$...usw.	**Anionen**

Ist ein Ion lediglich einfach (negativ oder positiv) geladen, so entfällt die Ladungszahl.

8.5 Zusammenfassung und wichtige Fachbegriffe

- Prinzipiell gilt, daß die e^- mit steigender Hauptquantenzahl immer weniger stark vom Kern angezogen werden, d.h. je höher die Hauptquantenzahl n ist, desto geringer ist die Ionisierungsenergie:

kleiner Abstand (vom Kern) – große Anziehungskraft
großer Abstand (vom Kern) – kleine Anziehungskraft

- Weiter fällt auf, daß die Abspaltung von e^- aus abgeschlossenen Hauptschalen immer mit einem erhöhten Energieaufwand verbunden ist.
- Die Zunahme der Ionisierungsenergien für die e^- innerhalb einer Hauptschale beruht auf dem zunehmenden Überwiegen der positiven Kernladung.

Die positiv geladenen Ionen heißen *Kationen* und entstehen durch *e^--Abgabe* aus neutralen Atomen.
Die negativ geladenen Ionen heißen *Anionen* und entstehen durch *Aufnahme von e^-* in die Hülle neutraler Atome.

9 Das Reaktionsschema

Chemische Reaktionen lassen sich durch eine Kurzschreibweise darstellen, die man als Reaktionsschema bezeichnet.

Beispiel:

Wasserstoff + Sauerstoff ⟶ Wasser
Edukte Produkte

Wasserstoff und Sauerstoff reagieren zu Wasser.

Die vielfach gebräuchliche Bezeichnung „Reaktionsgleichung“ ist im Grunde nicht zutreffend, da das Reaktionsschema eine stoffliche Veränderung beschreibt und auf der Seite der Ausgangsstoffe = *Edukte* meist vollkommen andere Gegebenheiten anzutreffen sind wie auf der Seite der Endstoffe = *Produkte*. Trotzdem spricht man in der Regel von „chemischen Gleichungen“, da die Zahl der Atome auf beiden Seiten übereinstimmen muß (siehe Kap. 10).

Der *Reaktionspfeil* zwischen Edukten und Produkten bezeichnet die *Richtung der chemischen Reaktion.*

Bei den quantitativen Betrachtungen chemischer Reaktionen werden zusätzliche Aussagen des Reaktionsschemas ersichtlich werden (siehe Kap. 19).

10 Das Gesetz von der Erhaltung der Masse

Der französische Chemiker *Lavoisier* (1743–1794) stellte fest, daß bei chemischen Reaktionen, die in *geschlossenen* Apparaturen durchgeführt werden (um das Entweichen entstehender Gasen zu vermeiden), keine Veränderungen der Masse zu beobachten sind.

Das heißt, die Summe der Massen der Ausgangsstoffe ist gleich der Summe der Massen der Endstoffe und so ergibt sich das Gesetz von der Erhaltung der Masse:

Bei jeder chemischen Reaktion bleibt die Gesamtmasse der Stoffe erhalten.

Scheinbare Ausnahmen sind folgende Reaktionen:

- Eine Kerze brennt auf einer Waage, die Masse nimmt ständig ab.
  Erklärung: Das fortlaufend in die Umgebung entweichende Kohlendioxid läßt die Masse schwinden.
- Eisenwolle wird auf einer Waage verbrannt, die Masse nimmt zu.
  Erklärung: Aus der Luft wird Sauerstoff gebunden, aus dem Element Eisen entsteht die chemische Verbindung Eisenoxid.

11 Chemische Gleichungen

11.1 Ihre Aufgabe in der Chemie

Chemische Vorgänge sind, wie bereits bekannt, stoffliche Veränderungen, die sowohl von quantitativen bzw. qualitativen Voraussetzungen als auch von den Reaktionsbedingungen (Druck, Temperatur u.ä.) beeinflußt werden.

Um alle diese Aussagen, die eine chemische Reaktion charakterisieren, in eine allgemein verständliche und mit einem Blick erfaßbare Form zu bringen, bedient man sich der „chemischen Gleichung".

Diese umfaßt das Reaktionsschema, welches die Edukte und Produkte durch *chemische Formeln* (siehe Kap. 11.2) wiedergibt und je nach Notwendigkeit verschiedene Zusatzinformationen über die Reaktionsbedingungen und energetischen Hintergründe (siehe Kap. 12) gibt.

In bestimmter Hinsicht ist der Ausdruck chemische „Gleichung" an dieser Stelle vollkommen korrekt:

Entsprechend dem Gesetz von der Erhaltung der Masse kann während der chemischen Reaktion *kein Atom* verlorengehen. Das bedeutet, daß die *Anzahl der Atome auf beiden Seiten identisch* sein muß.

Edukt A + Edukt B + Edukt C + ... ⟶
Produkt 1 + Produkt 2 + Produkt 3 + ...

11.2 Die Formeln chemischer Verbindungen – der Molekülbegriff

In den kleinsten Einheiten der chemischen Verbindungen sind Atome zweier oder mehrerer Elemente miteinander zu sogenannten *Molekülen* verbunden.

Es gibt jedoch auch Elemente, deren kleinste Teilchen aus Molekülen bestehen. Hier sind gleiche Atome zu Molekülen verknüpft:

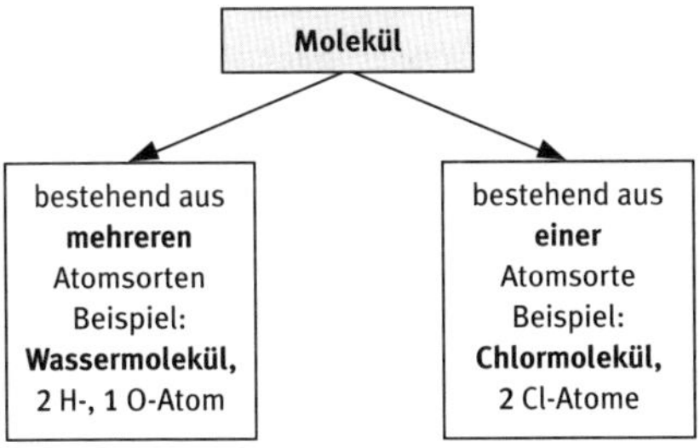

Abb. 11.1: Aufbau von Molekülen

Für die nachstehenden Ausführungen ist es von entscheidender Bedeutung, daß das jeweilige *Elementsymbol* in der Reaktionsgleichung für *ein Atom* des Elementes steht! Die wichtigsten Elementsymbole wurden bereits vorgestellt (siehe Kap. 5).

Die chemischen Formeln für Verbindungen werden aus den entsprechenden Elementsymbolen und den *Indexzahlen* gebildet.

Die Formeln sagen aus, *welche Elemente* in den Molekülen enthalten sind, die Indexzahlen geben Aufschluß über die *Anzahl der Atome der einzelnen Elemente.*

Die Indexzahl 1 entfällt.

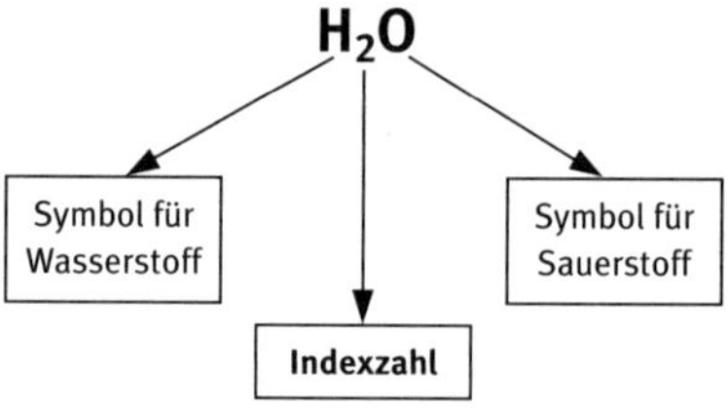

Abb. 11.2: Aufbau chemischer Formeln

Tab. 11.1: Formel, Name und Zusammensetzung einiger chemischer Verbindungen

Verbindung Name	**enthält in einem Molekül die Elemente**	**davon jeweilige Atomzahl**
H_2O Wasser	Wasserstoff, Sauerstoff	2 H, 1 O
FeS Eisensulfid	Eisen, Schwefel	1 Fe, 1 S
KCN Kaliumcyanid	Kalium, Kohlenstoff, Stickstoff	1 K, 1 C, 1 N
NH_3 Ammoniak	Stickstoff, Wasserstoff	1 N, 3 H
C_2H_6O Ethanol	Kohlen-, Wasser-, Sauerstoff	2 C, 6 H, 1 O
$KMnO_4$ Kaliumpermanganat	Kalium, Mangan, Sauerstoff	1 K, 1 Mn, 4 O

11.3 Das „Aufstellen" von chemischen Gleichungen

Entsprechend dem „*Massenerhaltungssatz*" geht während einer chemischen Reaktion kein Atom verloren – deshalb muß auch beim „Aufstellen" der Reaktionsgleichung darauf geachtet werden, daß *die Zahl der Atome auf der Edukt- und Produktseite gleich ist!*

Die nachstehende Zusammenstellung von Regeln ist als Hilfe für das, oftmals mit großem Unverständnis angepackte, Richtigstellen von chemischen Gleichungen gedacht.

Bis ein gewisser Übungseffekt eingetreten ist, ist es ratsam, die Regeln stets neben der Arbeit parat zu haben.

1. **Formeln der Verbindungen dürfen nicht verändert werden!**
2. Aufschreiben der Formeln bzw. Symbole der beteiligten Stoffe (Verbindungen, Elemente):

   Edukte → Produkte
3. **„Ausgleich"** der Atomzahlen durch entsprechende

   Vorzahlen = **Koeffizienten**

   Koeffizienten haben die Bedeutung von **Multiplikatoren**, d.h. steht vor einer Molekülformel ein Koeffizient, so nimmt die gesamte Atomzahl um den Faktor des Koeffizienten zu:

   5 H_2O sind **5** Moleküle Wasser

   Das entspricht

   5 x 2 Atomen Wasserstoff = **10** H-Atome

   5 x 1 Atom Sauerstoff = **5** O-Atome
4. **Prüfung** der Atomzahlen eines **jeden Elementes** auf **beiden Seiten des Reaktionsschemas.**
   - Die Atomzahlen müssen für jedes Element rechts und links identisch sein.
   - Sie errechnen sich als **Produkt aus Koeffizient und Indexzahl.**
5. **Bei Elementen ist folgendes zu beachten:**

   Alle Metalle sowie feste Nichtmetalle und Edelgase werden als **einatomig** angesehen (Index 1 entfällt).

   Beispiele:

   Fe, Ag, Cu, Zn, C, S, He, Ne usw.
6. **Sieben** Nichtmetalle liegen als **zweiatomige Moleküle** vor und werden in den Reaktionsgleichungen (fast) ausnahmslos als solche dargestellt:

   H_2, N_2, O_2, F_2, Cl_2, Br_2, I_2

11.4 Übungen

1. Ergänzen Sie die nachstehenden Gleichungen und stellen Sie sie richtig! Achten Sie auf die Elemente, die als *zweiatomige Moleküle* vorliegen!

a)	H_2	+	I	→	HI Iodwasser- stoff		
b)	SO_2 Schwefel- dioxid	+	O	→	SO_3 Schwefel- trioxid		
c)	CO_2	+	H_2	→	CO Kohlenstoff- monoxid	+	H_2O
d)	N	+	O	→	NO_2 Stickstoff- dioxid		
e)	P	+	Cl_2	→	PCl_3 Phosphor- trichlorid		
f)	C_5H_{12} Pentan	+	O	→	CO_2	+	H_2O
g)	$KClO_3$ Kalium- chlorat			→	KCl Kalium- chlorid	+	O_2

Lösung:

a)	H_2	+	$I_{\underline{2}}$	→	$\underline{2}$ HI Iodwasser- stoff		
b)	$\underline{2}$ SO_2 Schwefel- dioxid	+	$O_{\underline{2}}$	→	$\underline{2}$ SO_3 Schwefel- trioxid		
c)	CO_2	+	H_2	→	CO Kohlenstoff- monoxid	+	H_2O
d)	$N_{\underline{2}}$	+	$\underline{2}$ $O_{\underline{2}}$	→	$\underline{2}$ NO_2 Stickstoff- dioxid		
e)	$\underline{2}$ P	+	$\underline{3}$ Cl_2	→	$\underline{2}$ PCl_3 Phosphor- trichlorid		
f)	C_5H_{12} Pentan	+	$\underline{8}$ $O_{\underline{2}}$	→	$\underline{5}$ CO_2	+	$\underline{6}$ H_2O

g)	$\underline{2}\ KClO_3$ Kaliumchlorat					→	$\underline{2}\ KCl$ Kalium- chlorid	+	$\underline{3}\ O_2$

2. Stellen Sie folgende Gleichungen richtig!

a)	NH_3	+	Cl_2			→	NH_4Cl Ammonium- chlorid	+	N_2
b)	S	+	H_2O	+	Cl_2	→	H_2SO_4 Schwefel- säure	+	HCl
c)	HNO_3 Salpeter- säure					→	NO_2	+ +	H_2O O_2
d)	S	+	KNO_3 Kalium- nitrat			→	SO_2	+ +	N_2 K_2SO_4 Kalium- sulfat
e)	$FeCl_2$ Eisen(II)- chlorid	+	H_2O_2	+	HCl	→	$FeCl_3$ Eisen(III)- chlorid	+	NO + H_2O
f)	KOH Kalium- hydroxid	+	Cl_2			→	$KClO_3$ Kalium- chlorat	+ +	KCl H_2O

Lösung:

a)	$\underline{8}\ NH_3$	+	$\underline{3}\ Cl_2$			→	$\underline{6}\ NH_4Cl$ Ammonium- chlorid	+	N_2
b)	S	+	$\underline{4}\ H_2O$	+	$\underline{3}\ Cl_2$	→	H_2SO_4 Schwefel- säure	+	6 HCl
c)	$\underline{4}\ HNO_3$ Salpeter- säure					→	$\underline{4}\ NO_2$	+ +	$\underline{2}\ H_2O$ O_2
d)	$\underline{2}$ S	+	$\underline{2}\ KNO_3$ Kaliumnitrat			→	SO_2	+ +	N_2 K_2SO_4 Kaliumsulfat
e)	$\underline{2}\ FeCl_2$ Eisen(II)- chlorid	+	H_2O_2	+	$\underline{2}$ HCl	→	$\underline{2}\ FeCl_3$ Eisen(III)- chlorid	+	$\underline{2}\ H_2O$
f)	$\underline{6}$ KOH Kalium- hydroxid	+	$\underline{3}\ Cl_2$			→	$KClO_3$ Kaliumchlorat	+ +	$\underline{5}$ KCl $\underline{3}\ H_2O$

12 Energiebeteiligung bei chemischen Reaktionen

Betrachtet man unterschiedliche chemische Reaktionen, z.B. im Experiment, so stellt man fest, daß es Reaktionen gibt, die unter Energiefreisetzung bzw. Energieaufwand ablaufen.

12.1 Beispiele

12.1.1 Die Knallgasreaktion

Bringt man Sauerstoff und Wasserstoff im entsprechenden Mengenverhältnis (zwei Volumenteile H, ein Volumenteil O) in einem Behälter zusammen und aktiviert sie mittels eines Funkens, so vereinigen sich beide Elemente unter *Freisetzung eines gewaltigen Energiebetrages* zu Wasser (Reaktionsschema siehe Kap. 9).
Die beteiligten Energiearten sind:

- *mechanische Energie* (Knall)
- *Lichtenergie* (Stichflamme)
- *thermische Energie* (Wärme-, Hitzeentwicklung)

Hinweis:
Die Knallgasreaktion gehört zu den *Nachweisreaktionen.*

12.1.2 Die Zerlegung von Wasser mittels Gleichstrom

Nachdem die Vereinigung der Elemente zu Wasser ein energieliefernder Vorgang ist, leuchtet es ein, daß *der umgekehrte Prozeß nur unter Energieaufwand* abläuft.

Wird Wasser also der kontinuierlichen Wirkung von Gleichstrom ausgesetzt, so scheiden sich an den Elektroden Wasserstoff und Sauerstoff im Volumenverhältnis 2:1 ab. Der Vorgang kommt bei Unterbrechung der Stromzufuhr unmittelbar zum Stillstand.
Beteiligte Energieart:

- *elektrische Energie*

12.2 Die exotherme Reaktion

- Bei der Knallgasreaktion handelt es sich um einen chemischen Vorgang, der *mittels einer initiierenden Energiegabe in Gang gesetzt wird* (der „zündende" Funke) – man spricht von der sogenannten *Aktivierungsenergie* E_A.
- Der freigesetzte Energiebetrag übersteigt diese Aktivierungsenergie jedoch um ein Vielfaches, so daß die Gesamtbilanz einen beachtlichen *Energiegewinn aus der Reaktion* verzeichnet.
- Eine solche Reaktion ist *exotherm.*
- Die Produkte sind energieärmer als die Edukte (in ihnen ist weniger Energie „stofflich" gebunden).
  (siehe Abb. 12.1)

12.3 *Die endotherme Reaktion*

- Ist für einen merklichen Stoffumsatz bei einer chemischen Reaktion eine *fortlaufende Energiezufuhr* unabdingbare Voraussetzung, so spricht man von einer *endothermen* Reaktion.
- Prinzipiell kann man auch in diesem Fall den Begriff der Aktivierungsenergie verwenden, um auszudrücken, daß die Edukte durch Energiezufuhr in Reaktionsbereitschaft versetzt werden.
- Der Energiebetrag, der von der Gesamtreaktion bis zu den endgültigen Produkten auch im Fall der endothermen Reaktion freigesetzt wird, ist jedoch so gering, daß er *von der insgesamt aufgewendeten Energie deutlich überstiegen* wird.
- Die Produkte sind hier energiereicher als die Edukte.

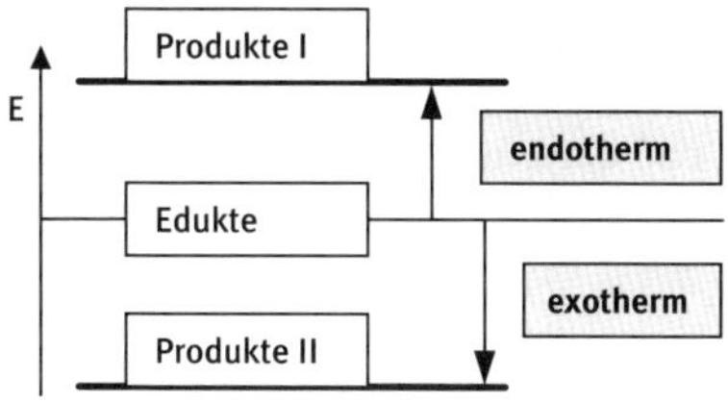

Abb. 12.1: Energieunterschiede zwischen Edukten und Produkten bei chemischen Reaktionen

12.4 *Die Reaktionsenthalpie* ΔH_R

Energetische Betrachtungen sind, wenn man in Details vorstoßen möchte, komplizierten Bereichen der physikalischen Chemie zuzuordnen.
An dieser Stelle soll lediglich eine kurze Definition gegeben werden:

Die Reaktionswärme, die bei konstantem Druck abgegeben oder aufgenommen wird, ist die Reaktionsenthalpie ΔH_R der entsprechenden Reaktion.

Hinweis:
Sehr häufig wird die Reaktionsenthalpie mit der Bezeichnung ΔH versehen.

Man hat sich darauf geeinigt, daß die Reaktionsenthalpie einer *exothermen* Reaktion mit einem *negativen Vorzeichen* angegeben wird:

$$\Delta H_R = -x \text{ kJ}$$

Das *Minuszeichen* drückt aus, daß das reagierende Stoffsystem *Energie* an die Umgebung *verliert*.

Bei *endothermen* Reaktionen ist die Reaktionsenthalpie mit einem *positiven Vorzeichen* gekennzeichnet, welches darauf verweist, daß zum Ablaufen dieser Reaktion eine ständige *Energieaufnahme* aus der Umgebung erfolgt:

$$\Delta H_R = +x\ kJ$$

Später wird zusätzlich deutlich werden, daß der einem Reaktionsschema angefügte Betrag der Reaktionsenthalpie ΔH_R auf die Stoffmengen (siehe Kap. 17) des reagierenden Systems bezogen ist.

13 Die atomare Masseneinheit u

Atome sind unvorstellbar klein und entsprechend leicht. Im absoluten Wägesystem, welches aus dem Alltag vertraut ist, wäre die Masse des häufigsten H-Isotops ^{1}H (der Kern besteht aus nur einem Proton) mit $1{,}674 \cdot 10^{-24}$ g anzugeben. Die Masse eines Neutrons ist nahezu identisch.

Man erkennt sofort, daß derartige Zahlen sehr unhandlich sind und sich für eine häufige Verwendung nicht anbieten. Zudem entziehen sie sich völlig unserer Vorstellung.

Aufgrund verschiedener Überlegungen erschien es sinnvoll, die *atomare Masseneinheit u* als ein Zwölftel der Masse des Kohlenstoffisotops **^{12}C** festzulegen.

Die Gesamtmasse der zwölf Nucleonen, 6p + 6n, im Kern dieses Kohlenstoff-Isotops wird durch zwölf geteilt – somit ergibt sich gewissermaßen die Durchschnittsmasse für **ein** Nucleon, d.h. die atomare Masseneinheit u wird zu einem einfachen Maß für die Masse eines Nucleons.

Die **atomaren Massen m_a** der verschiedenen **Atome** werden nachfolgend stets in der Einheit u ausgedrückt:

$$m_a\ (^{12}C) = 12\ u$$

Die atomare Masse m_a (C), sprich die *Atommasse des Elementes* Kohlenstoff, wird folgendermaßen ausgedrückt:

$$m_a\ (C) = 12{,}011\ u$$

Der Dezimalbruch ergibt sich aus der Berücksichtigung aller Isotope!

Diese genauen Atommassen für die Elemente sind jedem ausführlichen PSE zu entnehmen.

14 Die Masse von Molekülen

Die Masse des einzelnen Moleküls m_a einer chemischen Verbindung (oder auch eines Elementes) errechnet sich als *Summe der Atommassen m_a aller im Molekül enthaltenen Atome.*

Für die Berechnung verwendet man in der Regel die Massenzahlen des jeweils häufigsten Isotops eines Elements, wie sie im PSE des Buches angegeben werden.

Beispiele:

Wasser	$m_a(H_2O)$	$= \mathbf{2} \cdot m_a(H) + m_a(O)$
		$= \mathbf{2} \cdot 1u + 1 \cdot 16u$;
	$m_a(H_2O)$	$= 18\ u$
Schwefelsäure	$m_a(H_2SO_4)$	$= \mathbf{2} \cdot m_a(H) + m_a(S) +$ $\mathbf{4} \cdot m_a(O)$
		$= 2u + 32u + 4 \cdot 16u$
	$m_a(H_2SO_4)$	$= 98\ u$
Glucose	$m_a(C_6H_{12}O_6)$	$= \mathbf{6} \cdot m_a(C) + \mathbf{16} \cdot$ $m_a(H) + \mathbf{6} \cdot m_a(O)$
		$= \mathbf{6} \cdot 12u + 12u + 6 \cdot 16u$
	$m_a(C_6H_{12}O_6)$	$= 180\ u$

- Die Indexzahlen in der Formel sind die Multiplikatoren für die Atommassen.
- Die Bezeichnung $\mathbf{m_a}$ gilt für Atom- und Molekülmassen.

15 Das Mol

Die atomare Masseneinheit u ist eine Größe, die sich zur Beschreibung sehr kleiner Stoffportionen eignet:

- Masse von Atomen
- Masse von Molekülen

Zur Arbeit mit laborgebräuchlichen Stoffmengen lernen wir eine neue Größe kennen – das *Mol*:

Ein Mol eines Elementes oder einer Verbindung entspricht der jeweiligen *Atommasse* oder *Molekülmasse* ausgedrückt in Gramm.
Die sogenannte *molare Masse M* wird in der Einheit *g/mol* angegeben.

Tab. 15.1: Gegenüberstellung von Atom- bzw. Molekülmassen und molaren Massen.

Atom-, bzw. Molekülmasse m_a			**Molare Masse M**		
$m_a(H_2O)$	=	**18 u**	$M(H_2O)$	=	**18 g/mol**
$m_a(H_2SO_4)$	=	**98 u**	$M(H_2SO_4)$	=	**98 g/mol**
$m_a(C_6H_{12}O_6)$	=	**180 u**	$M(C_6H_{12}O_6)$	=	**180 g/mol**
$m_a(Na)$	=	**23 u**	$M(Na)$	=	**23 g/mol**
$m_a(O_2)$	=	**32 u**	$M(O_2)$	=	**32 g/mol**

16 Die Avogadro- oder Loschmidtsche Zahl

Im Hinblick auf das vorangegangene Kapitel stellt sich zwangsläufig die Frage, wieso der Begriff des Mols ausgerechnet so und nicht anders definiert wurde.

Tatsächlich ist nur eine Stoffmengenangabe zweckmäßig, die zwischen dem makroskopischen Bereich (labor- oder technikgeeignete Stoffmengen) und der Teilchenebene (Atome, Moleküle) einen eindeutigen und einfach nachvollziehbaren Bezug herstellt.

So enthält die Stoffmenge „ein Mol" die *immer gleiche Teilchenzahl*:

Die Zahl ist die sogenannte Loschmidtsche oder Avogadrosche Zahl $\mathbf{N_A}$ (auch Avogadro-Konstante) und sie besagt, daß in einem Mol eines Stoffes immer **$6{,}022 \cdot 10^{23}$ Teilchen** enthalten sind:

$$N_A = 6{,}022 \cdot 10^{23}\ \text{Teilchen/mol}$$

- Ein Mol *Wasserstoff* enthält N_A, also $6{,}022 \cdot 10^{23}$ *Teilchen*, das sind in diesem Fall Wasserstoffmoleküle H_2. Dasselbe gilt für die Elemente N, O, F, Cl, Br, I (siehe auch Kap. 11.3).
- Ein Mol *Kohlenstoff* enthält N_A, also $6{,}022 \cdot 10^{23}$ *Teilchen*, hier sind es Kohlenstoffatome C.
- Ein Mol Wasser, Schwefelsäure, Traubenzucker usw. enthält N_A, also $6{,}022 \cdot 10^{23}$ *Teilchen*; hier spricht man von N_A, also $6{,}022 \cdot 10^{23}$ *Molekülen*.

17 Stoffmengen und Stoffportionen

Die Einheit Mol (**mol** ist die korrekte Benennung für numerische Molangaben, z.B. 5 mol) wird für die quantitative Handhabung chemischer Stoffmengen verwendet.

Die *Stoffmenge* unterscheidet sich von der *Stoffportion*:

- Stoffmengen beschreiben stets einen Bruchteil oder ein Vielfaches eines Mols, wie z. B. *7 mol Kohlenstoff.*
  Der Stoffmenge als chemischer Größe ist der Buchstabe **n** zugeordnet, das bedeutet für das obige Beispiel:
  $$n(C) = 7\ mol$$
- Stoffportionen sind Grammangaben des betreffenden Stoffes, der der Stoffportion zugeordnete Buchstabe ist **m**.
  Für das Beispiel gilt: $m(C) = 84\ g$

An unserem Beispiel wird deutlich, daß

- Stoffportion
- Stoffmenge
- molare Masse eines Stoffes

in einem direkten Zusammenhang stehen:

$$\frac{84\ g}{7\ mol} = 12\ \frac{g}{mol} \rightarrow \frac{m(C)}{n(C)} = M(C)$$

Die Beziehung zwischen Stoffmenge, Stoffportion und molarer Masse ist Grundlage für eine Vielzahl quantitativer Betrachtungen in der chemischen Theorie und der Laborpraxis:

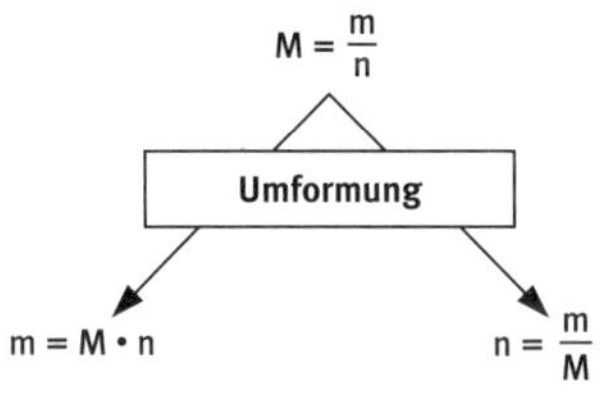

Abb. 17.1: Molare Masse, Stoffportion und Stoffmenge stehen im direkten Zusammenhang!

Die nachstehende Gleichung zur Berechnung der Stoffmenge n sollte man unbedingt im Kopf haben:

$$n\ (X) = \frac{m\ (X)}{M\ (X)}$$

Diese Formel ist die wichtigste Grundlage für eine Vielzahl stöchiometrischer Berechnungen!
Durch einfache Umformungen ist es möglich, die Größen

- *Stoffmenge n* (Einheit mol) und die
- *Stoffportion m* (Einheit g) zu bestimmen.

Die *molare Masse M* (Einheit $\frac{g}{mol}$) ist aus dem PSE ablesbar.

18 Das molare Volumen

Es leuchtet ein, daß für ein Mol eines jeden Reinstoffs ein bestimmter Raumbedarf besteht.

Dieser ist bei Feststoffen und Flüssigkeiten eine stoffspezifische Größe (z.B. nimmt 1 mol H_2SO_4 bei Normalbedingungen ein Volumen von 0,053 l ein.).

Anders verhält es sich bei *Gasen*:

1 mol eines Gases beansprucht bei Normbedingungen immer ein Volumen von 22,4 Litern.

Grundlegend erkannt wurde dieser Zusammenhang zwischen Stoffmenge und Volumen bei Gasen von Amedeo Avogadro und wurde von ihm folgendermaßen formuliert:

Gleiche Volumen verschiedener Gase enthalten bei gleichem Druck und gleicher Temperatur gleich viele Teilchen.

Die stoffmengenrelevante Größe des *molaren Volumens* V_m ist bei stöchiometrischen Berechnungen, an denen gasförmige Stoffe beteiligt sind, mitunter sehr hilfreich.

Die Einheit für V_m ist $\frac{l}{mol}$:

$$V_m = 22{,}4\ \frac{l}{mol}$$

$$V_m = \frac{V}{n} \leftarrow V = V_m \cdot n \rightarrow n = \frac{V}{V_m}$$

19 Die verschiedenen Aussagen chemischer Gleichungen

Chemische Gleichungen bieten eine Vielzahl von Informationen: Man kann ihnen sowohl *qualitative*, d. h. die Art der Stoffe betreffende, als auch *quantitative*, d.h. Mengenverhältnisse bezeichnende, Aussagen entnehmen.

Reaktionsgleichung	**$2\ H_2$**	**$+\ O_2$**	→	**$2\ H_2O$**
Qualitative Aussage	Wasserstoff	+ Sauerstoff	→	Wasser
Quantitative Aussagen				
Anzahl	**2 Moleküle**	**+ 1 Molekül**	→	**2 Moleküle**
	2 · 2 Atome	**+ 1 · 2 Atome**	→	**2 · 3 Atome**
Stoffmenge	2 mol	+ 1 mol	→	2 mol
Atommasse	2 · 2 u	+ 1 · 32 u	→	2 · 18 u
Stoffportion	2 · 2 g	+ 1 · 32 g	→	2 · 18 g
Volumen	2 · 22,4 l	+ 1 · 22,4 l	→	2 · 22,4 l Wasserdampf!

Bei den *Stoffmengen* gilt es zu beachten, daß die Anzahl der Mole rechts bzw. links des Reaktionspfeils *nicht* übereinstimmt, da sich die beteiligten Atome aus zweiatomigen Molekülen auf der Eduktseite in dreiatomige auf der Produktseite umlagern. Dies wirkt sich auf die *Teilchen*anzahl aus! Die Atomzahl jedoch stimmt überein.

20 Gebräuchliche stöchiometrische Größen und Formeln

	Symbol (X steht für Element oder Verbindung)	**Einheit**	**Bemerkung**
Atommasse	$m_a(X)$	u	1 u entspricht etwa der Masse von 1 p bzw. 1 n;
Molekülmasse	$m_a(X)$	u	u ist definiert als 1/12 der Masse von ^{12}C
Molare Masse	M(X)	$\frac{g}{mol}$	entspricht der Atom- bzw. Molekülmasse in g
Stoffportion	m(X)	g	ist die wägbare Größe in der chemischen Praxis
Stoffmenge	n(X)	mol	1 mol enthält N_A Teilchen
Stoffmengenkonzentration	c(X)	mol/l	Näheres siehe Kap. 34

Teilchenzahl	N_A	$\frac{\text{Teilchen}}{\text{mol}}$	$N_A = 6{,}022 \cdot 10^{23}\ \frac{\text{Teilchen}}{\text{mol}}$
Molares Volumen	V_m	$\frac{\text{l (Liter)}}{\text{mol}}$	$V_m = 22{,}4\ \frac{\text{l}}{\text{mol}}$ **nur bei Gasen !!!**
Berechnung von Stoffmenge und Stoffportion	$n\,(X) = \frac{m\,(X)}{M\,(X)}$		M(X) kann aus dem PSE abgelese werden; durch Umformung der Formel errechnet sich die Stoffpor
Berechnung von Stoffmenge und Volumen b. Gasen	$n\,(X) = \frac{V\,(X)}{V_m}$		Diese Formel stellt den Zusamme hang zwischen (Gas-)Volumen un Stoffmenge her.
Berechnung von Stoffmenge und Teilchenzahl	$n\,(X) = \frac{N\,(X)}{N_A}$		Aus einer gegebenen Stoffmenge kann die Teilchenzahl eines Stoffes berechnet werden oder umgekehrt.

21 *Dezimale Vielfache und Teile von Einheiten*

Oft begegnet man in der chemischen Praxis gerade im Bereich von Massen-, Volumen- bzw. Längenangaben sehr kleinen (oder seltener sehr großen) Werten, deren Benennungen dann besondere Kürzel beigegeben werden. Bei **Milli**gramm und **Dezi**meter sind hier schon oft die Grenzen der Erkenntnis erreicht. Die nachstehende Tabelle gibt die häufiger benutzten Zusätze zu numerischen Einheiten wieder.

Tab. 21.1: Faktoren bei Zahlenangaben.

Zusatz		**Faktor**	**Beispiele**
p	Piko	10^{-12}	$7\ \text{pg} = 7 \cdot 10^{-12}\ \text{g}$ $= 0{,}000\,000\,000\,007\ \text{g}$
n	Nano	10^{-9}	$9{,}5\ \text{nm} = 9{,}5 \cdot 10^{-9}\ \text{m}$ $= 0{,}000\,000\,009\,5\ \text{m}$
µ	Mikro	10^{-6}	$45\ \mu\text{g} = 45 \cdot 10^{-6}\ \text{g}$ $= 0{,}000\,045\ \text{g}$
m	Milli	10^{-3}	$95{,}5\ \text{ml} = 95{,}5 \cdot 10^{-3}\ \text{l}$ $= 0{,}095\,5\ \text{l}$
c	Zenti	10^{-2}	

Zusatz		Faktor	Beispiele
d	Dezi	10^{-1}	
h	Hekto	10^{2}	
k	Kilo	10^{3}	
M	Mega	10^{6}	

22 Stöchiometrische Berechnungen und Übungen

Das Arbeiten in der chemischen Praxis ist immer mit der Berechnung stöchiometrischer Größen verbunden.

Auch wird in den Prüfungen der Schule sowie des Grund- und sogar des Hauptstudiums das Bestimmen von Stoffmengen, Stoffportionen, Gasvolumina und Teilchenzahlen wiederholt verlangt.

Da immer wieder auffällt, welche immensen Probleme das Formulieren und Lösen stöchiometrischer Aufgaben bereitet, soll an dieser Stelle ausführlich auf die Bearbeitung derartiger Aufgaben eingegangen werden.

Die ausgewählten Aufgaben berühren viele der immer wiederkehrenden Problemstellungen. Aufgrund der Musterlösungen, die alle Rechenschritte ausformulieren, kann sich der Lernende auch die spezielle Art des „Ausdrucks" aneignen: Als Lehrperson erlebt man sehr häufig, daß Lernende zwar in der Lage sind, zu einem korrekten Ergebnis einer Aufgabe zu gelangen, jedoch nicht imstande sind, ihre Überlegungen in irgendeiner, geschweige denn in der richtigen Form zu Papier zu bringen!

Auch wenn es am Anfang schwer fällt:

Gewöhnen Sie sich an, systematisch an die Bearbeitung heranzugehen und immer die korrekten Kürzel und Benennungen für die Bezeichnung von stöchiometrischen Größen zu verwenden!

Sie selbst, die Sie mit den Aufzeichnungen und Ergebnissen Ihrer Berechnungen praktisch arbeiten müssen, können sich viel Laborfrust ersparen und ein Prüfer, der Ihre Arbeit korrigieren muß, wird Ihnen gewogenener sein, wenn er Ihre geistigen Ergüsse in ansprechender und nachvollziehbarer Form präsentiert bekommt. Sie tun also lediglich sich selbst einen Gefallen!

22.1 *Tips zur systematischen Vorgehensweise*

1. Ist in der Aufgabe eine chemische Reaktion beschrieben, so *erstellen Sie zuallererst eine stöchiometrisch korrekte Reaktionsgleichung!*
   Zu den hilfreichsten Informationen, die Sie dieser Reaktionsgleichung entnehmen können, gehört das Stoffmengenverhältnis, in dem die Edukte und Produkte zueinander stehen (siehe auch Kap. 19):
   Es erschließt sich sofort über die Koeffizienten!

z.B.	$2\,H_2$	+	O_2	→	$2\,H_2O$
	2 mol		1 mol		2 mol
	2	**:**	**1**	**:**	**2**

2. *Notieren Sie die bekannten (gegebenen) Größen* mit entsprechendem Kürzel und Benennung:
   z.B. $M(H_2O) = 18$ g/mol
3. *Notieren Sie ebenfalls die gefragten Größen* mit Kürzel und Benennung!
4. Schreiben Sie sich auch die *Formeln*, die Sie *zur Berechnung unbekannter Größen* einsetzen wollen, an den Anfang Ihrer Bemühungen!
5. Schreiben Sie bei der Durchführung Ihrer Berechnungen auf, was Sie gerade tun – scheuen Sie zumindest am Anfang diese zusätzliche Schreibarbeit nicht! Diese Vorgehensweise hilft Ihnen, den Überblick zu behalten, vor allem, wenn Sie später doch einen Fehler suchen müssen.

22.2 *Beispiele für immer wiederkehrende stöchiometrische Berechnungen*

1. Ermitteln Sie die molaren Massen von
   a) ZnS Zinksulfid
   b) $Fe(OH)_3$ Eisen(III)-hydroxid
   c) C_3H_8O Propanol
2. Wieviele und welche Teilchen enthalten
   a) 0,8 Mol Gold Au
   b) 1500 Liter Schwefelwasserstoff $H_2S(g)$
   c) 125 Gramm Kupfer(I)-sulfid Cu_2S?
3. Ermitteln Sie die Masse von 0,4 Mol Propanol C_3H_8O !
4. Quecksilberoxid HgO wird aus den Elementen synthetisiert (= hergestellt). Reichen dabei 200 g Quecksilber aus, um 100 g Sauerstoff zu binden? Falls nicht, berechnen Sie die benötigte Masse an Quecksilber!
5. Berechnen Sie:
   a) Wieviele Liter Sauerstoff (Normvolumen, d.h. Sie brauchen nichts umrechnen!) braucht ein Lebewesen, damit es 20,0 Gramm Glucose ($C_6H_{12}O_6$) in seinem Stoffwechsel vollständig zu CO_2 und H_2O verbrennen kann?
   b) Wieviele Gramm Wasser entstehen dabei?

Lösungen:

1.

Die molare Masse M(X) errechnet sich aus der Summe der molaren Massen der beteiligten Elemente und erhält die Benennung g/mol (siehe Kap. 15).

In aller Regel können zur Berechnung der molaren Massen die Massenzahlen des im Buch abgedruckten, farbigen Periodensystems herangezogen werden. Lediglich im Fall einer Anwendung der molaren Massen für besonders präzise analytische Zwecke bedarf es des Gebrauchs der Dezimalzahlen, die die ausführlichen PSE in den Lehrbüchern enthalten.

a) $M(ZnS) = 1 \cdot M(Zn) + 1 \cdot M(S)$
$= 64\ g/mol + 32\ g/mol$
$= \underline{\underline{96\ g/mol}}$

b) $M(Fe(OH)_3) = 1 \cdot M(Fe) + 3 \cdot M(O) + 3 \cdot M(H)$
$= 56\ g/mol + 3 \cdot 16\ g/mol + 3 \cdot 1\ g/mol$
$= (56 + 48 + 3)\ g/mol$
$= \underline{\underline{107\ g/mol}}$

Bei einer Verbindung, die Elementsymbole in Klammern enthält, werden für Berechnungen alle Atomsorten innerhalb der Klammer mit dem Index außerhalb multipliziert.

c) $M(C_3H_8O) = 3 \cdot M(C) + 8 \cdot M(H) + M(O)$
$= 3 \cdot 12\ g/mol + 8 \cdot 1\ g/mol + 16\ g/mol$
$= (36 + 8 + 16)\ g/mol$
$= \underline{\underline{60\ g/mol}}$

2.

In dieser Aufgabe sind durchgehend Teilchenzahlen zu berechnen (siehe Kap. 16 und 20). Die für jede Teilaufgabe benötigte Formel ist:

$$n(X) = \frac{N(X)}{N_A}$$ bzw. deren Umformung

a) Bekannt: $n(Au) = 0{,}8\ mol$
$N_A = 6{,}022 \cdot 10^{23}$ Teilchen/mol

Gesucht: $N(Au) = ?$

Formel, bereits angepaßt: $N(Au) = n(Au) \cdot N_A$

Berechnung:

$N(Au) = 0{,}8\ mol \cdot 6{,}022 \cdot 10^{23}$ Teilchen/mol
$= \underline{\underline{4{,}82 \cdot 10^{23}\ \text{Teilchen}}}$

Die Teilchen sind Gold*atome*.

b) Bekannt: $V(H_2S) = 1500\ l$
$N_A = 6{,}022 \cdot 10^{23}$ Teilchen/mol

Gesucht: $N(H_2S) = ?$

Formel: $N(H_2S) = n(H_2S) \cdot N_A$

In diesem Fall ist $n(H_2S)$ noch unbekannt:

Die Berechnung erfolgt über die Formel, die Stoffmengen und Gasvolumina in Zusammenhang bringt!

$$n(X) = \frac{V(X)}{V_m}$$

Angepaßt ergibt sich:

$$n(H_2S) = \frac{V(H_2S)}{V_m}$$

Berechnung von $n(H_2S)$:

$$n(H_2S) = \frac{1500\ l}{22{,}4\ l/mol} = 67\ mol$$

Berechnung von $N(H_2S)$:
$N(H_2S) = n(H_2S) \cdot N_A$
$= 67\ mol \cdot 6{,}022 \cdot 10^{23}$ Teilchen/mol
$= \underline{\underline{40{,}35 \cdot 10^{24}\ \text{Teilchen}}}$

In diesem Fall handelt es sich um Schwefelwasserstoff*moleküle*!

c) Kupfer(I)-sulfid besitzt die stöchiometrische Formel Cu_2S.
Bekannt: $m(Cu_2S) = 125\ g$
$N_A = 6{,}022 \cdot 10^{23}$ Teilchen/mol
$M(Cu_2S) = (2 \cdot 63 + 32)\ g/mol = 158\ g/mol$
Gesucht: $N(Cu_2S) = ?$

Um die Teilchenzahl berechnen zu können, ist es auch hier erforderlich, die Stoffmenge $n(Cu_2S)$ zu kennen.
Da die Masse $m(Cu_2S)$ gegeben ist, errechnet sich $n(Cu_2S)$ durch die nachstehende Formel:

$$n(X) = \frac{m\ (X)}{M\ (X)}$$

d. h. $$n(X) = \frac{125\ g}{158\ g/mol} = 0{,}8\ mol$$

Berechnung von $N(Cu_2S)$:
$N(Cu_2S) = n(Cu_2S) \cdot N_A$
$= 0{,}8\ mol \cdot 6{,}022 \cdot 10^{23}$ Teilchen/mol
$= \underline{\underline{4{,}82 \cdot 10^{23}\ \text{Teilchen}}}$

Da Cu_2S ein Salz ist, handelt es sich bei der Teilchenzahl um sogenannte *Formeleinheiten*! (siehe Kap. 26.4).

3. Bekannt: $M(C_3H_8O) = 60\ g/mol$
$n(C_3H_8O) = 0{,}4\ mol$
Gesucht: $m(C_3H_8O) = ?$
Formel, bereits angepaßt:
$m(C_3H_8O) = n(C_3H_8O) \cdot M(C_3H_8O)$
Berechnung von $m(C_3H_8O)$:
$m(C_3H_8O) = 0{,}4\ mol \cdot 60\ g/mol = \underline{\underline{24\ g}}$
0,4 mol reines Propanol (Alkohol, flüssig) wiegen 24 g.
Die Umrechnung von Stoffmengen in Stoffportionen und umgekehrt ist eine der häufigsten Rechenoperationen bei stöchiometrischen Berechnungen!
4. Soll vor Beginn einer Arbeit (im Labor oder im großtechnischen Maßstab) festgestellt werden, wie groß die Mengen der eingesetzten Edukte sein müssen, ist die Berechnung mittels der nachstehenden Vorgehensweise möglich.

Reaktionsgleichung:

2 Hg	+	O_2	→	2 HgO	Beachten: O_2!
2 mol	:	1 mol	:	2 mol	Stoffmengenverhältnis

Bekannt: $m(O_2) = 100$ g $M(Hg) = 202$ g/mol
$M(O_2) = 32$ g/mol

Stoffmengenverhältnis Hg : O_2 = 2 : 1

Gesucht: m(Hg) = ?, um 100 g Sauerstoff zu binden.

Formel:

$$n = \frac{m}{M}$$

Um mit dem Stoffmengenverhältnis rechnen zu können, erfolgt zunächst die Berechnung von $n(O_2)$:

$$n(O_2) = \frac{m(O_2)}{M(O_2)} = \frac{100\ \text{g}}{32\ \text{g/mol}} = 3{,}125\ \text{mol}$$

Berechnung von n(Hg):

$n(Hg) : n(O_2) = 2 : 1$

$n(Hg) = 2 \cdot n(O_2) = 2 \cdot 3{,}125$ mol = 6,25 mol

Für den Verbrauch der vorgegebenen Masse Sauerstoffs sind 6,25 mol Quecksilber erforderlich. Welcher Masse an Quecksillber entspricht das?

Berechnung von m(Hg):

$m(Hg) = n(Hg) \cdot M(Hg) = 6{,}25\ \text{mol} \cdot 202\ \text{g/mol} = \underline{\underline{1262{,}5\ \text{g}}}$

Für eine vollständige Reaktion von 100 g Sauerstoff mit Quecksilber zu Quecksilberoxid benötigt man 1262,5 g Hg.

5. Reaktionsgleichung:

$C_6H_{12}O_6$	+	6 O_2	→	6 CO_2	+	6 H_2O
1 mol	:	6 mol	:	6 mol	:	6 mol

Stoffmengenverhältnis

a) Bekannt: $m(C_6H_{12}O_6) = 20$ g $M(C_6H_{12}O_6) = 180$ g/mol
$V_m = 22{,}4$ l/mol

Gesucht: $V(O_2)$ = ?

Formeln:

$$n = \frac{m}{M}; \qquad n = \frac{V}{V_m}$$

Berechnung von $n(C_6H_{12}O_6)$:

$$n(C_6H_{12}O_6) = \frac{m\ (C_6H_{12}O_6)}{M\ (C_6H_{12}O_6)} = \frac{20\ \text{g}}{180\ \text{g/mol}} = 0{,}11\ \text{mol}$$

Berechnung von $n(O_2)$:

$n(C_6H_{12}O_6) : n(O_2) = 1 : 6$

$n(O_2) = 6 \cdot n(C_6H_{12}O_6) = 6 \cdot 0{,}11$ mol = 0,66 mol

Berechnung von $V(O_2)$:

$V(O_2) = n(O_2) \cdot V_m = 0{,}66\ \text{mol} \cdot 22{,}4\ \text{l/mol} = \underline{\underline{14{,}78\ \text{l}}}$

Für die stoffwechselbedingte Umsetzung von 20 g Glucose sind 14,78 l reiner Sauerstoff erforderlich.

b) Bekannt: $M(H_2O) = 18$ g/mol
Gesucht: $m(H_2O) = ?$
Formel: $m = n \cdot M$
Das Stoffmengenverhältnis $n(O_2) : n(H_2O) = 6:6$
bzw. 1 : 1
$n(H_2O) = 0{,}66$ mol
Berechnung von $m(H_2O)$:
$m(H_2O) = n(H_2O) \cdot M(H_2O) = 0{,}66 \text{ mol} \cdot 18 \text{ g/mol} = 11{,}88 \text{ g} \approx \underline{\underline{12 \text{ g}}}$
Bei der Umsetzung von 20 g Glucose im Körper entstehen 12 g Wasser.
(Hier ist eine Rundung des Ergebnisses erlaubt, da das Ergebnis nicht analytischen Zwecken dient.)

23 *Die Elementgruppen des „verkürzten“ Periodensystems*

23.1 *Die Hauptgruppen*

Das sogenannte „verkürzte“ Periodensystem enthält die Elemente der *acht Hauptgruppen.*

Die Spalten der Hauptgruppen werden im PSE mit den römischen Zahlen I bis VIII überschrieben.

Aus der chemischen Tradition heraus haben die Hauptgruppen Namen bekommen, die auch heute noch verwendet werden:

I. Die Gruppe der Alkalimetalle
II. Die Gruppe der Erdalkalimetalle
III. Die Borgruppe
IV. Die Kohlenstoffgruppe
V. Die Stickstoffgruppe
VI. Die Sauerstoffgruppe (Chalkogene)
VII. Die Gruppe der Halogene
VIII. Die Edelgase

Die übrigen Elemente des PSE gehören den

- *Nebengruppenelementen* (Übergangsmetalle) bzw.
- *Lanthanoide und Actinoide* an.

Die Nebengruppenelemente sind aufgrund ihres metallischen Charakters am Aufbau vieler, in der Chemie bedeutender Salze beteiligt (siehe Kap. 26).

23.2 *Kurzcharakteristik der Hauptgruppen*

I. Die Gruppe der Alkalimetalle

- Lithium, Natrium, Kalium, Rubidium, Cäsium, Francium
- silbrig-weiße, niedrig schmelzende Metalle
- weich und leicht schneid- und verformbar
- sehr reaktionsfreudig, kommen in der Natur nur gebunden vor, nicht elementar
- Aufbewahrung unter Petroleum, Oxidschicht entsteht auf der Oberfläche

II. Die Gruppe der Erdalkalimetalle

- Beryllium, Magnesium, Calcium, Strontium, Barium, Radium
- leichte Metalle, geringes spezifisches Gewicht
- silbrig-weiß, ohne Oxidschicht
- reaktionsfreudig, können jedoch an der Luft aufbewahrt werden
- in der Natur in mineralischen Verbindungen (Mg auch als Zentralion im Blattfarbstoff Chlorophyll), nicht elementar

III. Die Borgruppe

- Bor, Aluminium, Gallium, Indium, Thallium
- B ist ein hartes Nichtmetall, Al und die übrigen Elemente der Gruppe sind weiche Metalle
- Al ist in der Natur an einer großen Zahl der Verbindungen der Erdrinde beteiligt, elementar kommt es nicht vor
- B, Ga, In, Tl sind selten
- B ist im Gegensatz zu den anderen Elementen reaktionsträge

IV. Die Kohlenstoffgruppe

- Kohlenstoff, Silicium, Germanium, Zinn, Blei
- die Elemente C, Si und Ge sind Nichtmetalle, die übrigen haben ausgeprägten Metallcharakter
- die elementaren Eigenschaften sind sehr unterschiedlich
- in der mineralischen Erdrinde kommt Si am häufigsten vor
- C ist allgegenwärtiger Bestandteil der Stoffe der belebten Natur
- Pb hat eine große Dichte – das Metall und seine Verbindungen sind sehr schwer

V. Die Stickstoffgruppe

- Stickstoff, Phosphor, Arsen, Antimon, Wismut
- der Metallcharakter nimmt innerhalb der Gruppe nach unten zu:
  N ist ein typisches Nichtmetall (gasförmig), die Elemente P und As treten in

metallischen und nichtmetallischen Varianten (= Modifikationen, siehe auch Kap. 28.2) auf, Sb und Bi sind Metalle
- N ist Hauptbestandteil der Luft (78,09 %)

VI. Die Sauerstoffgruppe (Chalkogene)

- Sauerstoff, Schwefel, Selen, Tellur, Polonium
- O ist ein gasförmiges Nichtmetall von hellblauer Farbe
- S ist ein festes, gelbes Nichtmetall
- Se, Te, Po treten auch in metallischen Varianten auf
- O ist lebenswichtiger Bestandteil der Luft und des Wassers (dort ist es in riesigen Mengen gebunden)
- die Gesamtmasse des O entspricht etwa der Masse aller übrigen Elemente

VII. Die Gruppe der Halogene

- Fluor, Chlor, Brom, Iod, Astat
- alle Halogene sind Nichtmetalle
- alle Aggregatszustände sind (bei Normalbedingungen) innerhalb dieser Hauptgruppe anzutreffen:
  F und Cl sind gasförmig, Br ist flüssig, I ist fest
- die Halogene sind reaktionsfreudige Elemente, sie gehen mit nahezu allen anderen Elementen Verbindungen ein
- ihre Verbindungen mit Metallen heißen **Salze** (Halogen = Salzbildner)
- F ist das reaktivste aller Elemente

VIII. Die Edelgase

- Helium, Neon, Argon, Krypton, Xenon, Radon
- alle Edelgase sind gasförmig und außerordentlich *reaktionsträge*
- nur die schwereren Edelgasatome (Kr, Xe, Rn) bilden Verbindungen mit den reaktivsten Halogenen bzw. O und N
- sie kommen in Spuren in der Luft vor oder sind in winzigen Blasen in Mineralien eingeschlossen
- sie finden breite Verwendung in der Beleuchtungsindustrie, z.B. als Füllung von Glühlampen oder als farbgebende Komponente in Leuchtstoffröhren

Die Grundidee, im PSE Elemente mit ähnlichen Eigenschaften zu den Hauptgruppen zusammenzufassen, wird besonders in den Gruppen I, VII und VIII deutlich.
Hier erkennen wir in ersterer ausschließlich reaktive Metalle, in VII nur reaktionsfreudige Nichtmetalle und in VIII reaktionsträge Gase.

In den anderen Hauptgruppen nimmt der Nichtmetallcharakter von oben nach unten ab.

24 Die Bindungswertigkeit

Alle bisherigen Betrachtungen gaben keinerlei Aufschluß darüber, wie die einzelnen Verbindungen zustandekommen:

- Wie kommt es zu „Stoffteilchen" wie H_2O, NH_3, H_2SO_4, C_2H_6O... usw.?
- Warum treten die Atome gerade in dieser Anzahl und in diesem Verhältnis zusammen?
- Aus welchen Gründen können zwei Elemente mehrere unterschiedliche Verbindungen bilden, wie z.B. $FeCl_2$ und $FeCl_3$?

Diese Fragen beschäftigten natürlich auch viele Forscher in der Frühzeit der Chemie. Nachdem jedoch zu dieser Zeit noch kein konkretes Wissen über Atome und Moleküle bzw. deren Bau existierte, waren die wissenschaftlichen Experimente und Gedankengänge an die makroskopischen, meist physikalischen Möglichkeiten gebunden. Die Ergebnisse dieser Arbeiten wiesen den richtigen Weg und sind auch in heutiger Zeit mit den sogenannten „Verbindungsgesetzen" Bestandteil eines jeden Chemie-Anfangsunterrichtes, wobei meist an dieser Stelle die chemische Lust des aufstrebenden Adepten einen ersten und meist dauerhaften Dämpfer erfährt.

In diesem Skriptum wird aus diesen und anderen Gründen auf eine Herleitung verzichtet. Der Lernende soll auf möglichst einfache Weise eine Vorstellung erhalten, wie die Atome zu Molekülen zusammenfinden.

Das Hilfsmittel der sogenannten *Wertigkeit*, das in den folgenden Abschnitten behandelt wird, basiert auf den tatsächlichen Bindungseigenschaften der Atome und kann eine erste, eher schematische Vorstellung vom Entstehen einer bestimmten Molekülart vermitteln.

24.1 Definition der stöchiometrischen Wertigkeit

Unter der stöchiometrischen oder Bindungswertigkeit (kurz: Wertigkeit) eines Elementes versteht man die Anzahl an Wasserstoff-Atomen, die ein Atom des Elementes an sich binden kann oder zu ersetzen vermag.

Beispiele:

Tab. 24.1: Wertigkeiten, bezogen auf Wasserstoff

Verbindung	**Name** der Verbindung	**Anzahl** der gebundenen H-Atome	**zweites,** in der Verbindung enthaltenes **Element**	**Wertigkeit** der Atome des zweiten Elements
H_2O	Wasser	2	O	2
NH_3	Ammoniak	3	N	3

Verbindung	**Name** der Verbindung	**Anzahl** der gebundenen H-Atome	**zweites,** in der Verbindung enthaltenes **Element**	**Wertigkeit** der Atome des zweiten Elements
H_2S	Schwefel-wasserstoff	2	S	2
CH_4	Methan	4	C	4
HCl	Chlorwasser-stoff	1	Cl	1

24.2 *Praktische Anwendung*

Die Wertigkeit ermöglicht es, einer Vielzahl von chemischen Verbindungen ein erstes, ordnendes Prinzip bezüglich der qualitativen und quantitativen Zusammensetzung ihrer Moleküle zugrunde zu legen.

Da nicht alle Verbindungen Wasserstoff enthalten oder auch aus mehr als zwei Elementen aufgebaut sind, helfen die nachstehenden Grundregeln weiter:

I. H hat stets die Wertigkeit 1.
II. O ist fast immer zweiwertig (Ausnahme ist H_2O_2 – Wasserstoffperoxid).
III. F, Cl, Br, I sind einwertig.
IV. Innerhalb der Formeln binärer Verbindungen (= Verbindungen, bestehend aus 2 Elementen) ergeben die Produkte aus Indexzahl und Wertigkeit jeweils denselben Wert!
V. Ein und dasselbe Element kann in verschiedenen Wertigkeitsstufen vorkommen.

„Wertigkeiten" in Verbindungen, deren Moleküle *mehr als zwei Elemente* aufweisen, werden zweckmäßigerweise als Oxidationszahlen ermittelt. (Die Regeln zur Ermittlung von Oxidationszahlen, siehe Kap. 37.3.2, ähneln obigen Grundregeln).

Allerdings stellt sich mit zunehmender Kenntnis des PSE und gewohnheitsmäßiger Anwendung auch ein „Gespür" für die Wertigkeiten „Dritter" ein.

Um eine gewisse Sicherheit im Umgang mit Wertigkeiten zu erlangen, werden auf der folgenden Seite **binäre** Verbindungen betrachtet. Vergleichen Sie die Beispiele mit den Grundregeln!

Tab. 24.2: Beispiele zur Berechnung von Wertigkeiten

Verbindung	Name der Verbindung	bekannte Wertigkeit (Regeln I – III)	Ermittlung der unbekannten Wertigkeit (Regel IV)	**neu ermittelte Wertigkeit**
AgBr	Silberbromid	Br = 1	$1 \cdot 1 = 1 \cdot ?$	Ag = 1
Al_2O_3	Aluminium-oxid	O = 2	$3 \cdot 2 = 2 \cdot ?$	Al = 3
$BaCl_2$	Bariumchlorid	Cl = 1	$2 \cdot 1 = 1 \cdot ?$	Ba = 2
CO	Kohlenstoff-monoxid	O = 2	$1 \cdot 2 = 1 \cdot ?$	C = 2
CO_2	Kohlenstoff-dioxid	O = 2	$2 \cdot 2 = 1 \cdot ?$	C = 4
$FeCl_2$	Eisen(II)-chlorid	Cl = 1	$2 \cdot 1 = 1 \cdot ?$	Fe = 2
$FeCl_3$	Eisen(III)-chlorid	Cl = 1	$3 \cdot 1 = 1 \cdot ?$	Fe = 3
HgO	Quecksilber-oxid	O = 2	$1 \cdot 2 = 1 \cdot ?$	Hg = 2
$MnCl_2$	Mangan(II)-chlorid	Cl = 1	$2 \cdot 1 = 1 \cdot ?$	Mn = 2
MnO_2	Mangan(IV)-oxid	O = 2	$2 \cdot 2 = 1 \cdot ?$	Mn = 4
NO	Stickstoff(II)-oxid	O = 2	$1 \cdot 2 = 1 \cdot ?$	N = 2
NH_3	Ammoniak	H = 1	$3 \cdot 1 = 1 \cdot ?$	N = 3
N_2O_4	Stickstoff(IV)-oxid	O = 2	$4 \cdot 2 = 2 \cdot ?$	N = 4
PCl_3	Phosphor(III)-chlorid	Cl = 1	$3 \cdot 1 = 1 \cdot ?$	P = 3
PCl_5	Phosphor(V)-chlorid	Cl = 1	$5 \cdot 1 = 1 \cdot ?$	P = 5
H_2S	Schwefelwas-serstoff	H = 1	$2 \cdot 1 = 1 \cdot ?$	S = 2
SO_2	Schwefel-dioxid	O = 2	$2 \cdot 2 = 1 \cdot ?$	S = 4

Verbindung	Name der Verbindung	bekannte Wertigkeit (Regeln I – III)	Ermittlung der unbekannten Wertigkeit (Regel IV)	**neu ermittelte Wertigkeit**
SO_3	Schwefel-trioxid	O =2	3 · 2= 1 · ?	S =6

25 Edelgaskonfiguration und Oktettregel

25.1 Die Elektronenkonfiguration der Edelgase

Tab. 25.1: Die Elektronenkonfigurationen aller Edelgase

Edelgas	**Ordnungs-zahl p**	**Elektronenanzahl auf den Hauptschalen**					
		n = 1	n = 2	n = 3	n = 4	n = 5	n = 6
He	2	***2***					
Ne	10	*2*	***8***				
Ar	18	*2*	*8*	8			
Kr	36	*2*	*8*	***18***	8		
Xe	54	*2*	*8*	*18*	18	8	
Rn	86	*2*	*8*	*18*	***32***	18	8

Bei den Edelgasen ist die „äußerste“ Schale mit 8 e^- besetzt.
Eine Ausnahme bildet das Element He (2e^-).

In der Tabelle wird durch die graue Unterlegung auf dieses Charakteristikum der Edelgaskonfiguration aufmerksam gemacht.

Nur bei den Edelgasen He und Ne ist die äußerste Schale zudem mit der maximal möglichen e^--Zahl besetzt.
Kursiv dargestellte Zahlen weisen auf vollbesetzte Schalen hin.

25.2 Das Elektronenoktett

Die „8-e^--Besetzung" (= *Elektronenoktett*) in den äußersten Schalen der Edelgasatomhüllen, gemeinhin als *Edelgaskonfiguration* bezeichnet, erweist sich in der chemischen Praxis als sehr *stabil*, da sie *einen besonders günstigen energetischen Zustand* darstellt. Daraus erklärt sich die beeindruckende Reaktionsträgheit dieser Elemente.

Für die anderen Elemente gilt:

Eine äußerst intensive *Triebkraft* für das Zustandekommen chemischer Reaktionen der Elemente zu Verbindungen besteht darin, daß die reagierenden Atome das *Elektronenoktett* zu erreichen suchen oder die Beteiligung daran anstreben.

Die Elemente aller anderen Gruppen des PSE verfügen von Natur aus nicht über ein Elektronenoktett der äußersten Schale.

Die Atome erlangen es in ihren Verbindungen durch Elektronenaufnahme oder -abgabe (siehe Kap. 26) bzw. sie beanspruchen Elektronen durch gemeinsame „Nutzung" (siehe Kap. 27).

Diese Vorgänge in den Elektronenhüllen bewirken zwischen den beteiligten Atomen eine *chemische Bindung*.

25.3 Die Valenzelektronen

Die Elektronen der äußersten Schale werden als Außenelektronen oder *Valenzelektronen* bezeichnet.

Elemente einer Hauptgruppe haben dieselbe Anzahl von Valenzelektronen:

I.	Die Gruppe der Alkalimetalle	1 e^-
II.	Die Gruppe der Erdalkalimetalle	2 e^-
III.	Die Borgruppe	3 e^-
IV.	Die Kohlenstoffgruppe	4 e^-
V.	Die Stickstoffgruppe	5 e^-
VI.	Die Sauerstoffgruppe (Chalkogene)	6 e^-

VII.	Die Gruppe der Halogene	7 e^-
VIII.	Die Edelgase	8 e^-

Die Aufzählung verdeutlicht, daß die (Haupt-)Gruppennummer mit der Zahl der Valenzelektronen identisch ist:

Gruppennummer = Anzahl der Valenzelektronen

25.4 Ausblick auf die Vorgänge in den Elektronenhüllen während chemischer Reaktionen

Wir wissen bereits um die Ähnlichkeit der chemischen Eigenschaften (siehe Kap. 23.2) und die identische Konfiguration der Valenzelektronen bei den Elementen einer Hauptgruppe.

Nachstehend sollen nun die charakteristischen Eigenschaften von Hauptgruppenelementen mit den Vorgängen zur Erlangung der Edelgaskonfiguration in den Atomhüllen in Zusammenhang gebracht werden.

Drei Hauptgruppen dienen als Beispiele:
- Die Gruppe der Alkalimetalle (I)
- Die Gruppe der Erdalkalimetalle (II)
- Die Gruppe der Halogene (VII)

25.4.1 Alkalimetalle

Sie erreichen das *Oktett des voranstehenden Edelgases* durch die *Abgabe eines* e^-.
Dabei entstehen *einfach positiv geladene Ionen* (siehe Kap.8.4):
Li^+, Na^+, K^+,... usw.

- Li^+ besitzt also Heliumkonfiguration,
- Na^+ Neonkonfiguration und
- K^+ Argonkonfiguration.

25.4.2 Erdalkalimetalle

Hier erreichen die Atome das *Oktett des voranstehenden Edelgases* durch die *Abgabe von 2* e^-.
Dabei entstehen *zweifach positiv geladene Ionen*:
Mg^{2+}, Ca^{2+}, Ba^{2+},... usw.

Übung:
Welchen **Elementen** entsprechen jeweils die Elektronenkonfigurationen auf den **Valenzschalen** der Erdalkalikationen?

25.4.3 *Halogene*

Den Halogenatomen *fehlt* bei einer Valenzelektronenzahl von sieben *nur noch ein Elektron zur Edelgaskonfiguration*, d.h. sie erreichen das Elektronenoktett durch *Aufnahme eines Elektrons*. Dadurch entstehen *einfach negativ geladene Anionen*: F^-, Cl^-, Br^-, I^- (At ist im chemischen Alltag selten.)

Übung:
Geben Sie die *Gesamtelektronen*konfiguration für die Anionen an und nennen Sie die Namen der *Elemente*, denen diese Elektronenkonfiguration entspricht!

Beachten Sie:

Die negativ geladenen Ionen der Halogene heißen **Halogenidionen**!

Lösungen:
- zu 25.4.2:
  Die Erdalkalikationen $\mathbf{Mg^{2+}}$, $\mathbf{Ca^{2+}}$ und $\mathbf{Ba^{2+}}$ besitzen die Elektronenkonfigurationen von **Ne**, **Ar** und **Xe**.
- zu 25.4.3:
  Die Lösung läßt sich am besten tabellarisch darstellen:

Tab. 25.2: Elektronenkonfigurationen der Halogenidionen

Halogenidion	n = 1	n = 2	n = 3	n = 4	n = 5	Elektronenkonfiguration von
$\mathbf{F^-}$ Fluoridion	2	8				Ne
$\mathbf{Cl^-}$ Chloridion	2	8	8			Ar
$\mathbf{Br^-}$ Bromidion	2	8	18	8		Kr
$\mathbf{I^-}$ Iodidion	2	8	18	18	8	Xe

Die Überprüfung der Elektronenanzahl ist anhand der im PSE angegebenen Ordnungszahl für die Edelgaskonfigurationen möglich!

26 Salze

Blickt man sich in der Umwelt mit chemisch interessierten Augen um, so wird man feststellen, daß die wenigsten Stoffe, die uns begegnen, Elemente sind, sondern in aller Regel Verbindungen darstellen.

In den vorangegangenen Kapiteln war bereits mehrfach die Rede vom Zusammentreten der Elemente zu Verbindungen und den damit einhergehenden Veränderungen in den Elektronenhüllen (siehe Kap. 24 und 25).

In diesem und den folgenden Kapiteln werden nun Verbindungen zwischen den verschiedenen Elementen einer genaueren Betrachtung unterworfen werden.

Am Beginn stehen die Verbindungen, die durch die *Reaktion eines Metalls mit einem Nichtmetall* zustande kommen (siehe auch Kap. 23.2, Kurzcharakteristik der Hauptgruppen).

- Dabei wird deutlich werden, daß die Struktur solcher Verbindungen durch das Vorhandensein *entgegengesetzt geladener Ionen* erklärt werden kann.
- Die Eigenschaften dieser als *Salze* bekannten Stoffe resultieren aus ihrem Aufbau im atomaren Bereich (= Anordnung der Ionen und der zwischen ihnen wirkenden Kräfte).

26.1 Bedeutung der Salze

Salze sind weitverbreitete Verbindungen, ihre Bedeutung ist in vielen Lebensbereichen fundamental:

- Einige Beispiele:

Tab. 26.1: Einige Salze und ihre Verwendung

(Trivial-)Name	Formel	Verwendungszweck
Bleiglanz	PbS	z.B. Herstellung des Metalloxids und Reduktion mit Kohlenstoff zum Metall
Calcit	$CaCO_3$	Herstellung von Mörtel und Zement
Kochsalz	$NaCl$	Produktion von Natrium, Chlor und Natriumhydroxid
Pyrit	FeS_2	Schwefelsäureproduktion
Soda	Na_2CO_3	Herstellung von Glas, Seife, Waschmitteln, Farbstoffen
Salpeter	KNO_3	Herstellung von Schwarzpulver und früher Salpetersäure
Tonerde	Al_2O_3	Schmelzelektrolyse zur Aluminiumgewinnung

- Koch- oder *Steinsalz* (Natriumchlorid) ist eine für die Industrie bedeutsame Ausgangschemikalie und für den menschlichen Körper ein unverzichtbarer, auch der Geschmacksentfaltung dienlicher Nahrungszusatz.
  Wirft man einen Blick in die Geschichte, so wird man feststellen, daß die Gewinnung und der Handel mit dem Kochsalz die Geschicke ganzer Städte und Landstriche maßgeblich beeinflußt haben. Früher war Kochsalz vor allem für Konservierungszwecke enorm wichtig.
  Die Gewinnung erfolgt in großem Umfang aus dem Meerwasser und in Bergwerken.
- *Mineralien* und *Gesteine* sind aus mehr oder weniger schwerlöslichen Salzen aufgebaut und stellen vielfach Rohstoffe für wichtige chemische Erzeugnisse (z.B. Düngemittel) dar.
  Außerdem kommt vielen Mineralsalzen eine große Bedeutung in den physiologischen Körperabläufen zu. Ihre Aufnahme erfolgt über Mineralwässer oder vollwertige Nahrungsmittel.

26.2 Leitfähigkeit von Salzlösungen

Um sicher nachzuweisen, daß Salze aus Ionen bestehen, müssen zuallererst elektrische Ladungen festgestellt werden.

Dies geschieht mittels einer *Leitfähigkeitsprüfung*: Dazu taucht ein Leitfähigkeitsprüfer in eine Salzlösung.

26.2.1 Leitfähigkeitsprüfer

Ein Leitfähigkeitsprüfer besteht aus zwei Elektroden in einem einfachen Stromkreis. Der Stromkreis wird erst beim Eintauchen in eine leitende Flüssigkeit geschlossen. Ein Stromfluß wird durch das Aufleuchten einer in der Versuchsanordnung zwischengeschalteten Glühbirne angezeigt.

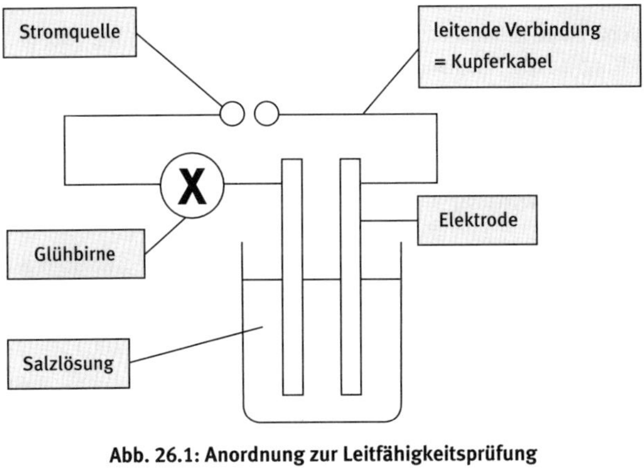

Abb. 26.1: Anordnung zur Leitfähigkeitsprüfung

Dabei sind die Kupferdrahtverbindungen zwischen den Elektroden *Leiter erster Klasse*.

Die Lösung, deren frei bewegliche Ionen den Stromfluß zwischen den Elektroden verursachen, ist ein *Leiter zweiter Klasse*.

Leiter erster Klasse erfahren beim Stromdurchgang keine stoffliche Veränderung, Leiter zweiter Klasse verändern sich.

26.2.2 Folgerungen aus der Leitfähigkeit einer Salzlösung oder -schmelze

Ist in der wäßrigen Lösung (oder der Schmelze) einer chemischen Verbindung eine Leitfähigkeit nachweisbar, so kann geschlossen werden:

- Die Lösung (oder Schmelze) enthält *frei bewegliche Teilchen, die Ladungen transportieren*, so daß sich ein geschlossener Stromkreis aufbaut.
- Da die Lösung (oder Schmelze) *nach außen neutral* ist, heben sich die positiven und negativen Ladungen quantitativ auf, d.h. es gibt genauso viele positive wie negative Ladungen:
  Ladungssumme der Kationen = Ladungssumme der Anionen
- Salze sind aus *Ionen* aufgebaut, die sich aufgrund ihrer gegensätzlichen Ladung anziehen und im festen Zustand regelmäßige *Kristallstrukturen* ausbilden.

26.3 Bindungsverhältnisse und räumliche Strukturen in Salzen

Im Zusammenhang mit dem Streben der Atome nach dem stabilen, energetisch günstigen Elektronenoktett (Edelgaskonfiguration) wurde im Kap. 25.4 auf die Möglichkeit von Elektronenabgabe bzw. -aufnahme (= Elektronenübergang, siehe Kap. 36.11) hingewiesen.

Das *Erreichen der Edelgaskonfiguration* im Zusammenhang mit der Verbindungsbildung ist als *Faustregel* anzusehen, die bei den Elementen mit niedrigen Ordnungszahlen gut anwendbar, jedoch bei den schwereren (Metall-)Atomen mit Vorsicht zu genießen ist.

26.3.1 Die Ionenbindung

Die in einer Reaktion mit Elektronenübergang entstehenden Kationen (aus Metallatomen) und Anionen (aus Nichtmetallatomen) üben eine *elektrostatische Wechselwirkung* aufeinander aus:

Die Kationen umgeben sich mit Anionen und gleichermaßen umgeben sich die Anionen mit Kationen, da sich *gegensätzliche Ladungen* anziehen. Die zwischen den Ionen wirkenden Anziehungskräfte führen zu einem Zusammenhalt, den man mit dem Fachausdruck *Ionenbindung* bezeichnet.

Die wichtige chemische Bindungsart der *Ionenbindung* beruht auf den starken *elektrostatischen Anziehungskräften* zwischen gegensätzlich geladenen Ionen.

26.3.2 Das Ionengitter

Aufgrund ihrer *Größe* (Ionenradius, -durchmesser) und ihrer *Ladung* (einfach, doppelt, dreifach... positiv bzw. negativ) bilden Kationen und Anionen in der Art, wie sie sich umeinander gruppieren, ganz *charakteristische, räumlich streng regelmäßige Ionenverbände* aus, die man als *Ionengitter* bezeichnet.
Die Regelmäßigkeit führte zu Begriffen wie

- *kristalline Struktur*, wenn vom Aufbau eines Ionengitters die Rede ist oder
- *Salzkristall*, wenn ein makroskopisches Stück eines solchen Ionengitters gemeint ist.

Die Vielfalt der Kombinationsmöglichkeiten zwischen Metallkationen und Nichtmetallanionen bedingt die Existenz einer unüberschaubaren Zahl von Salzen bzw. Typen von Ionengittern.

An dieser Stelle sei lediglich gesagt, daß sich die Ionen in einem Ionengitter stets so anordnen, daß

- sich die positiven und negativen Ladungen insgesamt neutralisieren.
- eine sogenannte *dichteste Kugelpackung* (die Ionen werden in der Modellvorstellung als geladene Kugeln angesehen) auftritt, die eine maximale Raumerfüllung bewirkt.
- bei der Entstehung des Ionenverbandes *Energie freigesetzt wird* – dieser Gewinn von *Gitterenthalpie* ist die *entscheidende Komponente* bezüglich der Triebkraft der Salzbildung, nicht unbedingt das Erlangen des Elektronenoktetts. (Beim Auflösen eines Salzes muß die Gitterenthalpie, siehe Kap. 32.4.1, wieder zugeführt werden.)

Hinweis: Die Lehrbücher der Anorganischen Chemie bieten umfangreiche Informationen zu den Salzen und Abbildungen zu verschiedenen Typen von Ionengittern.

26.4 Chemische Formeln für Salze

Aus Kap. 26.3.2 ist bekannt, daß sich Salzkristalle dergestalt ausbilden, daß *nach außen elektrische Neutralität* herrscht.

Dieser Sachverhalt muß auch in der chemischen Formel, die ein Salz charakterisiert, zum Ausdruck gebracht werden.

Der Begriff des Moleküls, der bisher selbstverständlich für die kleinste Einheit einer Verbindung verwendet wurde, ist bei den typischen Salzen nicht anwendbar, da die Ionen innerhalb eines Gitterverbandes nicht gleichartigen, abgegrenzten Einheiten zuzuordnen sind. Hier haben wir es eher mit *Endlosstrukturen* zu tun, in deren Zusammensetzung die *Kationen und Anionen in einem bestimmten Zahlenverhältnis* zueinander stehen.

Die Formeln für die Salze werden zwar im stöchiometrischen Gebrauch wie Molekülformeln gehandhabt, sind jedoch *Verhältnisformeln.*

Mit den Erkenntnissen, die wir bereits über die Elektronenhüllen der Atome (siehe Kap. 25) gewinnen konnten, wird es nun möglich sein, chemische (Verhältnis-)Formeln unter Zuhilfenahme des PSE eigenständig aufzustellen.

Mit zunehmender Übung werden auch die Zusammenhänge zur Bindungswertigkeit (siehe Kap. 24) deutlich werden.

Beispiele:
Überlegen Sie unter Zuhilfenahme der nachstehenden Tabelle,

- wie und warum die genannten Ionen zustande kommen!
- warum die Verhältnisformel für das resultierende Salz so und nicht anders lauten muß!

Tab. 26.1: Ermittlung der Verhältnisformeln bei einigen Salzen

Elemente, die zum Salz verknüpft werden		**Ionen mit Elektronenoktett (siehe PSE und Kap. 25.4)**		**Verhältnisformel für das Salz**	**Name des Salzes**
Na	F	Na^+	F^-	NaF	Natriumfluorid
Li	S	Li^+	S^{2-}	Li_2S	Lithiumsulfid
Ca	O	Ca^{2+}	O^{2-}	CaO	Calciumoxid
Ba	I	Ba^{2+}	I^-	BaI_2	Bariumiodid
Al	Br	Al^{3+}	Br^-	$AlBr_3$	Aluminiumbromid
Al	S	Al^{3+}	S^{2-}	Al_2S_3	Aluminiumsulfid

Die am Aufbau des Salzes beteiligten Ionen werden so kombiniert, daß sich die Ladungen aufheben!

26.5 *Wichtige Salze in der anorganischen Chemie*

Es gibt einige Salze, die häufig im chemischen Gebrauch sind.

Anhand der nachstehend ausgewählten Beispiele sollen zudem zusätzliche Besonderheiten der Salzbildung besprochen werden.

26.5.1 *Salze der Hauptgruppenelemente aus einatomigen Ionen*

Diese Gruppe von Salzen kann in sehr vielen Fällen entsprechend der Oktettregel gehandhabt werden. Die an den (häufig verwendeten) Salzen dieser Kategorie beteiligten Elemente finden sich vorzugsweise in den Gruppen I, II, VI und VII des PSE.

$NaCl$	Natriumchlorid
KBr	Kaliumbromid
$MgCl_2$	Magnesiumchlorid
Na_2S	Natriumsulfid

26.5.2 *Salze mit wechselnden Wertigkeiten*

Im Kap. 24.2 wurde darauf hingewiesen, daß in Verbindungen, die aus denselben Elementen bestehen, unterschiedliche Wertigkeiten auftreten können. Nebengruppenelemente bilden vorzugsweise derartige Salze.

$FeCl_2$	Eisen(II)-chlorid
$FeCl_3$	Eisen(III)-chlorid
Hg_2Cl_2	Quecksilber(I)-chlorid
$HgCl_2$	Quecksilber(II)-chlorid
Cu_2O	Kupfer(I)-oxid
CuO	Kupfer(II)-oxid

26.5.3 *Salze mit mehratomigen Ionen*

Mehratomige Ionen sind *geladene* Atom*verbände*, die mit entgegengesetzt geladenen Einzelionen oder anderen mehratomigen Ionen Salze bilden können. Auf ihre Bildung wird an dieser Stelle nicht eingegangen.

Wichtige Beispiele sind (siehe auch Kap. 36.3.2):
(Weitere finden sich in den Lehrbüchern der Anorganischen Chemie.)

Tab. 26.2: Beispiele für Salze mit mehratomigen Ionen

Formel des mehratomigen Ions	**Name des mehratomigen Ions**	**Beispiel für ein entsprechendes Salz**	**Bemerkung zum Salz** (z.B. Trivialname, Verwendung u.ä.)
NH_4^+	**Ammoniumion**	NH_4Cl Ammoniumchlorid	Salmiak
CO_3^{2-}	**Carbonation**	Na_2CO_3 Natriumcarbonat	Soda, Herstellung von Glas, Seife, Waschmitteln u. Farbstoffen

Formel des mehratomigen Ions	Name des mehratomigen Ions	Beispiel für ein entsprechendes Salz	Bemerkung zum Salz (z. B. Trivialname, Verwendung u. ä.)
$Cr_2O_7^{2-}$	**Dichromation**	$K_2Cr_2O_7$ Kaliumdichromat	ein leuchtend **gelbes** Salz, Oxidationsmittel (siehe Kap. 37.3.6)
OH^-	**Hydroxidion**	NaOH Natriumhydroxid	Die Formel steht für das feste Salz und seine wäßrige Lösung (**Natronlauge**).
NO_3^-	**Nitration**	KNO_3 Kaliumnitrat	Chilesalpeter, früher zur Herstellung von Schießpulver, heute als Mineraldünger
MnO_4^-	**Permanganation**	$KMnO_4$ Kaliumpermanganat	ein **tiefviolettes** Salz, dessen wäßrige Lösung häufig als Oxidationsmittel eingesetzt wird (siehe Kap. 37.3.6)
PO_4^{3-}	**Phosphation**	$(NH_4)_3PO_4$ Ammoniumphosphat	ein weißes Salz, das aus zwei Arten mehratomiger Ionen besteht
SO_4^{2-}	**Sulfation**	$CuSO_4$ Kupfersulfat	ein weißes Salz, das in Verbindung mit Feuchtigkeit einen **leuchtendblauen** Aquakomplex bildet

26.6 Eigenschaften von Ionenverbindungen

Ionenverbindungen (Salze) haben gemeinsame charakteristische Eigenschaften:

- Salzschmelzen und wäßrige Lösungen *leiten den elektrischen Strom* (vgl. Kap. 26.2).
- Die in ihnen enthaltenen Ionen ordnen sich zu *regelmäßigen Kristallstrukturen*, die sowohl mikroskopisch als auch makroskopisch charakteristische Formen für jedes Salz hervorrufen.

- Salzkristalle sind *hart* und *spröde*. Eine plastische Verformung ist nicht möglich, da Verschiebungen im Gitterverband gleichnamige Ladungen zusammenbringen, wobei deren wechselseitige Abstoßung ein Auseinanderbrechen des Gitters und damit des Salzkristalls bewirkt.
- Zum *Schmelzen von Salzen* sind *hohe Temperaturen* erforderlich, z. B. schmilzt NaCl bei 801 °C.
  Die Anziehungskräfte zwischen den Ionen innerhalb des Ionengitters sind sehr stark. Bei Temperaturerhöhung schwingen die Ionen zunehmend um ihre Gitterplätze, wobei sie diese erst bei einer ausreichenden und in diesem Fall sehr hohen Energiezufuhr verlassen können.
  In der Schmelze herrschen jedoch immer noch erhebliche Wechselwirkungskräfte zwischen den Ionen.
  Die recht unterschiedlichen Schmelztemperaturen werden von der Größe und der Ladung der beteiligten Ionen stark mitbeeinflußt: So zeigen z.B. Oxide (= Salze mit Sauerstoffanionen O^{2-}) aufgrund der zweifachen Ladung der Sauerstoffanionen besonders hohe Schmelzpunkte.

27 Die Atombindung

Neben der Möglichkeit, das energetisch günstige Elektronenoktett durch Elektronenübergang und der damit einhergehenden Ausbildung von Ionenbindungen zu erreichen, gibt es die Bindungsbildung durch die „gemeinsame Nutzung" von e^- der an der Bindung beteiligten Atome:

- Diese *Bindungen* sind, im Gegensatz zur räumlich nach allen Seiten wirksamen Ionenbindung, *zwischen den beiden an der Bindung beteiligten Atomen lokalisiert*, d.h. die Bindungselektronen halten sich vorzugsweise im Raum zwischen den Atomen auf.
- Beide Bindungspartner rechnen sich die Bindungselektronen auf ihr jeweiliges Elektronenoktett an.
- Die Bindungselektronen sind stets Valenzelektronen (siehe Kap. 25.3).

27.1 Die Valenzstrichformel

Um Moleküle mit Atombindungen entsprechend verständlich und einfach darstellen zu können, entwickelte sich im Lauf der Zeit die *Valenzstrichformelschreibweise*. Die resultierenden Formeln heißen *Lewis-Formeln*.

27.1.1 LEWIS-Formeln der Elemente Wasserstoff, Sauerstoff, Stickstoff und Fluor

Die Elemente H, N, O und die Halogene F, Cl, Br, I liegen im elementaren Zustand als zweiatomige Moleküle vor (siehe auch Kap. 11.3). Diese Tatsache ist aus dem Erreichen der Edelgaskonfiguration bei der Molekülbildung einfach zu erklären.

- Wasserstoff:
  Die Atome besitzen ein Elektron, symbolisiert durch einen Punkt neben dem Elementsymbol.
  Die Elektronen bilden *zusammen* die Bindung zwischen den beiden Atomen aus, jedes der H-Atome nimmt somit Einfluß auf zwei Elektronen und erreicht quasi die Heliumkonfiguration.
  Dargestellt wird ein solches *Elektronenpaar* als einfacher Strich, dem sogenannten *Valenzstrich*.
  Zwischen den H-Atomen findet sich eine *Einfachbindung*.

  H • + • H → H – H

- Sauerstoff:
  Die Atome besitzen sechs Valenzelektronen, d. h. zum Erreichen des Oktetts mangelt es den Einzelatomen am „Einfluß“ auf zwei weitere Elektronen.

  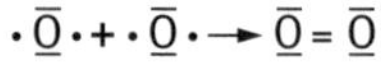

  Jedes O-Atom bringt in die Bindung *zwei* Elektronen ein, die damit von zwei Elektronenpaaren (vier e^-) gebildet wird. Jedes O-Atom erhält so sein Oktett.
  Die beiden Valenzstriche symbolisieren eine *Doppelbindung*.
- Stickstoff:
  Mit seinen lediglich fünf Valenzelektronen ist das Erreichen des Oktetts für Stickstoffatome nur möglich, wenn jedes der beiden, an der Bindung beteiligten, N-Atome *drei* Elektronen in die gemeinsame Elektronenbilanz einbringt:

  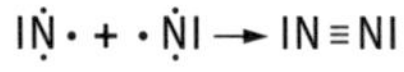

  Zwischen Stickstoffatomen befindet sich im elementaren Zustand eine *Dreifachbindung*.
- Halogene am Beispiel Fluor:
  Die Halogenatome sind mit sieben Valenzelektronen nahe am Oktett, d.h. der Einfluß über *ein* zusätzliches Elektron reicht zur Bindungsbildung aus.

  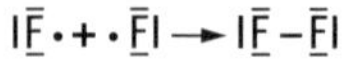

  In den zweiatomigen Molekülen der Halogene finden sich Einfachbindungen.

27.1.2 Nicht bindende Elektronenpaare

Valenzelektronenpaare, die an der Bindung nicht beteiligt sind, werden in den Valenzstrichformeln als Striche eingetragen, die sich *nicht zwischen* den Elementsymbolen befinden.
Solche Elektronenpaare werden vielfach auch als *freie Elektronenpaare* bezeichnet.

27.2 Bindungsverhältnisse und PSE am Beispiel der zweiten Periode

Betrachtungen der Bindungsbildung der Elemente der zweiten Periode des PSE (Li – Ne) mit andersgearteten Atomen führen uns zu folgenden Erkenntnissen:

- Li und Be verbinden sich mit Nichtmetallen zu Salzen und gehen dementsprechend Ionenbindungen (siehe auch Kap. 25.4) ein.
- Es sei hier erwähnt, daß B (= Bor) das Elektronenoktett über Atombindungen und *nur* durch besondere Wechselwirkungen mit seinen drei Bindungspartnern erreicht.
- **C nimmt eine wichtige Sonderstellung ein**:
  Das Element C besitzt vier Valenzelektronen. Es benötigt dementsprechend zur Ausbildung des „höheren" Oktetts die Beteiligung an vier weiteren Elektronen. (Die theoretische „Vierfachbindung" zu *einem* anderen Kohlenstoffatom ist aus Gründen der räumlichen Anordnung von Atombindungen nicht möglich. Die Abgabe bzw. Aufnahme von vier Elektronen ist energetisch ungünstig.)

Für C gilt dementsprechend:
Kohlenstoffatome bilden vier Atombindungen aus (Ausnahmen: Kohlenstoffmonoxid siehe auch Kap. 27.3, Graphit siehe Kap. 28.3).
Diese vier Atombindungen unterhält ein C-Atom zu
- *vier* Partnern in der Form von vier *Einfachbindungen*,
- *drei* Partnern mit einer Doppel- und zwei *Einfachbindungen*,
- *zwei* Partnern mit *einer Dreifach- und einer Einfachbindung* (Ausnahme Kohlenstoffdioxid).

(Beispiele siehe Kap. 27.3)

- N, O, F gehen mit den Atomen des eigenen Elements *und auch anderer Elemente* Atombindungen (N drei, O zwei, F eine) ein.
- Ne ist ein Edelgas und völlig reaktionsträge.

27.3 Beispiele

1. **Wasserstoff** bildet eine Atombindung:

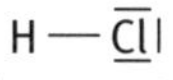

Chlorwasserstoff,
in wäßriger Lösung = Salzsäure

2. **Bor** bildet drei Atombindungen,

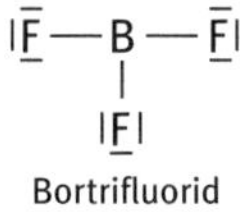

Bortrifluorid

3. **Kohlenstoff** bildet vier Atombindungen:

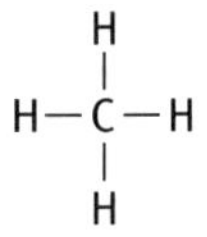

Methan

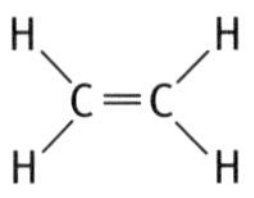

Ethen

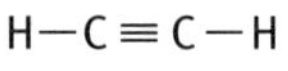

Ethin

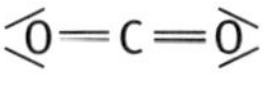

wichtige Ausnahme:

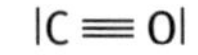

Kohlenstoffmonoxid

Außer zu H und O kann C auch zu anderen Elementen Bindungen ausbilden.

4. **Stickstoff** bildet *häufig* drei Atombindungen

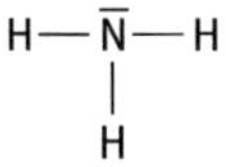

Ammoniak

Da das N-Atom über fünf Valenzelektronen verfügt, gibt es auch Verbindungen des Stickstoffs, in denen mehr als drei Bindungen in den Molekülen auftreten.

5. **Sauerstoff** bildet *häufig* zwei Atombindungen

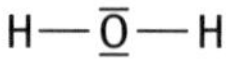

Wasser

Hier gilt wie bei N, daß aufgrund der Anzahl der Valenzelektronen, auch mehr als zwei Bindungen möglich sind.
Jedoch tritt O gerade in den *organischen Verbindungen fast ausschließlich zweibindig* auf.

6. **Fluor** bildet eine Atombindung

Fluorwasserstoff

7. **Schwefel** bildet *oft* zwei Atombindungen aus

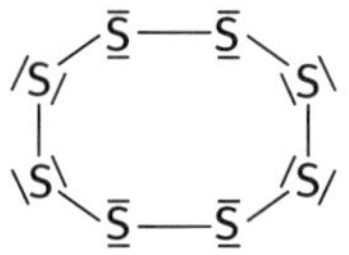

elementarer Schwefel bei Temperaturen unter 160°C

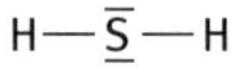

Schwefelwasserstoff

S bildet elementar S_8-Ringe, in denen jedes S-Atom mit zwei anderen S-Atomen verknüpft ist.
In den vielen Verbindungen, die der Schwefel einzugehen vermag, unterhalten die Atome bis zu sechs Atombindungen.

27.4 Zusammenfassung

- Atombindungen entstehen durch gemeinsame Beteiligung zweier Atome an einem bzw. bis zu drei Elektronenpaaren.
- Die bindenden Elektronenpaare halten sich bevorzugt im Raum zwischen den Bindungspartnern auf, man bezeichnet Atombindungen deswegen auch als *Elektronenpaarbindungen*.

- Die entstehenden Teilchen sind in der Regel *elektrisch neutrale Moleküle* von definierter Geometrie, in denen die Einzelatome fest aneinander gebunden sind.
- Zwischen zwei Atomen sind bis zu drei Atombindungen möglich: Es gibt *Einfach-, Doppel-* und *Dreifachbindungen.*
- In den bisherigen Betrachtungen über Atombindungen wurde *nicht* auf die geometrischen Aspekte innerhalb der Bindungsgefüge eingegangen.

28 Diamant und Graphit – Modifikationen des Kohlenstoffs

28.1 Atomgitter

Atombindungen halten nicht nur die Atome räumlich begrenzter Moleküle zusammen; auch in Zusammenschlüssen unvorstellbar großer Zahlen von Atomen sind mitunter Atombindungen wirksam.

Dabei entstehen *regelmäßige Gitterverbände*, die als *Atomgitter* bezeichnet werden.

Klassische Beispiele für Atomgitter sind die beiden Varianten, in denen das Element Kohlenstoff vorliegen kann.

28.2 Modifikationen eines Elementes

Diamant und Graphit bestehen *ausschließlich* aus Kohlenstoffatomen, obwohl sich die beiden Stoffe in ihren Eigenschaften extrem unterscheiden.

Die verschiedenen Erscheinungsformen ein- und desselben Elementes bezeichnet man als *Modifikationen.*

Auch bei anderen Elementen finden sich unterschiedliche Modifikationen:

- Das Element P ist in den Varianten *roter Phosphor* (ungiftig und chemisch harmlos) und *weißer Phosphor* (sehr giftig und außerordentlich reaktiv) zu finden.
- Beim Element S unterscheidet man den *rhombischen* vom *monoklinen* Schwefel. Die Modifikationen unterscheiden sich z. B. in der Form ihrer Kristalle.

28.3 Diamant und Graphit im Vergleich

Die gravierenden Unterschiede in den Eigenschaften der beiden Kohlenstoffmodifikationen beruhen auf der unterschiedlichen Anordnung der C-Atome in den beiden Atomgittern.

Tab. 28.1: Gegenüberstellung der Eigenschaften von Diamant und Graphit

Eigenschaft	Diamant	Graphit
atomarer Aufbau	jedes C-Atom unterhält **vier** Einfachbindungen zu anderen C-Atomen; die Bindungen weisen in die Ecken eines **regelmäßigen Tetraeders**. Der Atomverband ist **dreidimensional** vernetzt.	jedes C-Atom besitzt **drei** Einfachbindungen zu anderen C-Atomen; sie sind jeweils in die Ecken eines **gleichseitigen Dreiecks** gerichtet. Die C-Atome ordnen sich in **zweidimensionalen** Schichten an. Die Gesamtheit der Elektronen, die nicht an den Atombindungen beteiligt sind (4. Valenzelektron!), bildet ein „Elektronengas" zwischen den Schichten.
Aussehen	farblos, durchsichtig, stark lichtbrechend	schwarz, glänzend
Härte	sehr hart	sehr weich
Spaltbarkeit	schwer spaltbar	leicht entlang der Schichten spaltbar
elektrische Leitfähigkeit	keine	gut, aufgrund des „Elektronengases" zwischen den Schichten
Dichte	3,5 g/cm^3	2,3 g/cm^3
Schmelztemperatur	schmilzt nicht, wandelt sich in Graphit um	ca. 3700 °C
Verwendung	Bohr-, Schleif- oder Schneidewerkzeug, Schmuck	Herstellung von Elektroden, Schmelzgefäßen, Bleistiftminen, als Schmiermittel

Die Lehrbücher der Anorganischen Chemie bieten Abbildungen der Diamant- und Graphitgitterstruktur.

29 Die Elektronegativität

Üben innerhalb einer Elektronenpaarbindung beide Bindungspartner einen gleich starken Einfluß auf die Bindungselektronen aus, so werden diese bevorzugt in der Mitte des Abstands zwischen den beiden Atomkernen anzutreffen sein. Dies ist stets der Fall, wenn die Bindungspartner demselben Element angehören.

Sind jedoch Atome unterschiedlicher Elemente zu Molekülen verknüpft, so ist der Aufenthalt der bindenden Elektronenpaare in der Bindungsmitte der Ausnahmefall, da die *Atome eines jeden Elementes eine individuelle Anziehungskraft auf die Bindungselektronen ausüben.*

Die individuelle Anziehungskraft der Atome eines Elementes auf die Bindungselektronen einer (Atom-)Bindung heißt *Elektronegativität = EN.*

Die *Werte für die Elektronegativitäten* der einzelnen Elemente sind *Vergleichszahlen ohne Benennung.*
Sie wurden von dem Chemiker L. Pauling festgeschrieben (siehe Tab. 29.1):

- Ein *hoher EN-Wert* verweist auf ein starkes Bestreben des entsprechenden Elements, *die Bindungselektronen auf seine Seite der Bindung zu verlagern.*
- Ein *niedriger EN-Wert* für ein Element drückt aus, daß dieses *die Bindungselektronen* in der Relation *nur wenig beansprucht.*
- Der *Differenzbetrag der EN-Werte* = ΔEN, der an einer Bindung beteiligten Atomsorten, gibt Aufschluß über die sogenannte *Bindungspolarität*, d.h. es wird ersichtlich, in welchem Ausmaß die Bindungselektronen von der Bindungsmitte zum Atom mit der höheren EN hin verschoben sind.

29.1 Elektronegativitäten und PSE

Tab. 29.1: Die Elektronegativitäten für die Hauptgruppenelemente nach Pauling

I	II	III	IV	V	VI	VII	VIII
H 2,20							He –
Li 0,97	Be 1,47	B 2,01	C 2,50	N 3,07	O 3,50	F **4,10**	Ne –
Na 1,01	Mg 1,23	Al 1,47	Si 1,74	P 2,06	S 2,44	Cl 2,83	Ar –
K 0,91	Ca 1,04	Ga 1,82	Ge 2,02	As 2,20	Se 2,48	Br 2,74	Kr –
Rb 0,89	Sr 0,99	In 1,49	Sn 1,72	Sb 1,82	Te 2,01	I 2,21	Xe –
Cs 0,86	Ba 0,97	Tl 1,44	Pb 1,55	Bi 1,67	Po 1,76	At 1,96	Rn –
Fr **0,86**	Ra 0,97						

29.2 Elektronegativität und Reaktivität

Mit Hilfe der Tabelle 29.1 können, mit etwas Übung, Eigenschaften der Elemente des PSE interpretiert und Prognosen über das Reaktionsverhalten gestellt werden:

- Die niedrigen EN-Werte in der Gruppe der *Alkalimetalle* (Ausnahme H) weisen auf das bereits bekannte Bestreben dieser Elemente hin, zur Erlangung des Oktetts in einer Verbindung, das einzige Valenzelektron abzugeben (vgl. Kap. 25.4).
Die in der Gruppe nach unten abnehmende Tendenz der EN-Werte (Cs und Fr haben die geringsten Werte im PSE) verdeutlicht, daß durch die steigende Zahl der Elektronenschalen, durch die die Valenzelektronen vom positiv geladenen Kern und seiner Anziehungskraft abgeschirmt werden, die Elektronenabgabe erleichtert wird.
→ In dieser Elementgruppe werden *Ionenverbindungen* mit anderen Elementen (vorzugsweise Nichtmetallen) gebildet (Ausnahme H).

Als Faustregel gilt:

Ist die Differenz der EN-Werte ΔEN zweier Elemente *größer als 1,5*, so gehen deren Atome *Ionenbindungen* miteinander ein.

- In der Gruppe der *Halogene* finden sich die höchsten EN-Werte des PSE, d.h. das Bestreben, Elektronen an sich zu ziehen, ist bei diesen Elementen besonders stark ausgeprägt.
F besitzt die höchste EN von allen Elementen. Das ist dem Umstand zuzuschreiben, daß die sieben Valenzelektronen beim F kaum vom positiven Kern abgeschirmt sind und damit das Bestreben, mit einem weiteren Elektron das Oktett aufzufüllen, uneingeschränkt zur Wirkung kommt.
Mit der Zunahme der Elektronenschalen innerhalb der Gruppe erhöht sich die Abschirmung des Kerns und die EN sinkt.
Die Halogene bilden, abhängig von ΔEN, sowohl Ionenbindungen als auch Atombindungen zu den Atomen anderer Elemente aus.
- In der Gruppe der *Edelgase* finden sich keine Eintragungen, da diese Elemente aufgrund ihrer Edelgaskonfiguration (siehe auch Kap. 25) nur unter extremen Bedingungen Verbindungen eingehen.
- Für *alle anderen Elementgruppen* gilt:
Die Werte für die EN nehmen aufgrund der Abschirmung des Atomkernes nach unten ab.
Ausschlaggebend für die *Bindungspolarität* (siehe auch folgendes Kap. 30) ist der jeweilige Wert von ΔEN.
- *Innerhalb einer Periode* liegt der EN-Wert umso höher, je mehr Valenzelektronen die äußerste Schale trägt, d.h. der „Elektronenhunger" steigt mit der Annäherung der Elektronenkonfiguration an das energetisch günstige Oktett.
- *Ausnahme Wasserstoff:*
Da H bereits mit dem Einfluß auf *zwei* Elektronen die *Heliumkonfiguration* erlangt, ist seine EN für seinen Platz in der ersten Gruppe untypisch und als Sonderfall einzustufen.

30 Die polare Atombindung

Bei *Atombindungen zwischen Atomen verschiedener Elemente* ist die Verteilung der Elektronen in aller Regel wegen der unterschiedlichen EN der Bindungspartner nicht symmetrisch.

So halten sich die Bindungselektronen vorzugsweise im Bereich des Atoms mit der größeren EN auf. Dadurch entstehen innerhalb der Bindung getrennte *Ladungsschwerpunkte*, d.h. es bildet sich *ein positiver und ein negativer Pol (δ+ und δ–)* aus. Die auftretenden Ladungen sind positive und negative *Teilladungen*.

Nach außen sind Moleküle mit polaren Atombindungen *elektrisch neutral*. Sie besitzen allerdings häufig *Dipoleigenschaften* und können dann z.B. durch ein von außen wirksames elektrisches Feld beeinflußt werden.

30.1 Die Bindung im Chlorwasserstoffmolekül

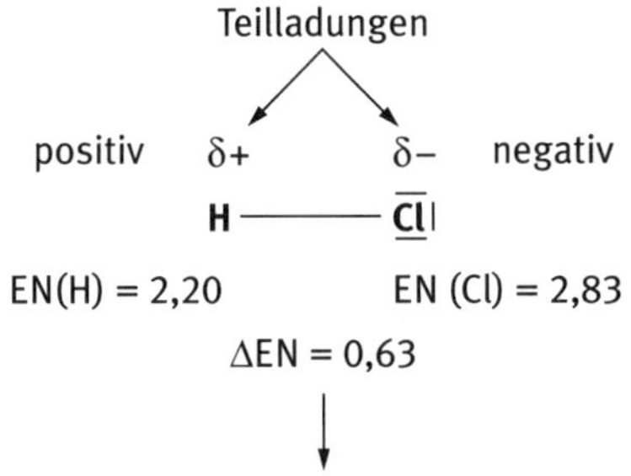

Die Bindungselektronen der Atombindung zwischen H und Cl halten sich im Mittel deutlich häufiger im Bereich des Chloratoms auf! Das Chlorwasserstoffmolekül ist damit ein Dipol!

30.2 Die Bindungen im Wassermolekül

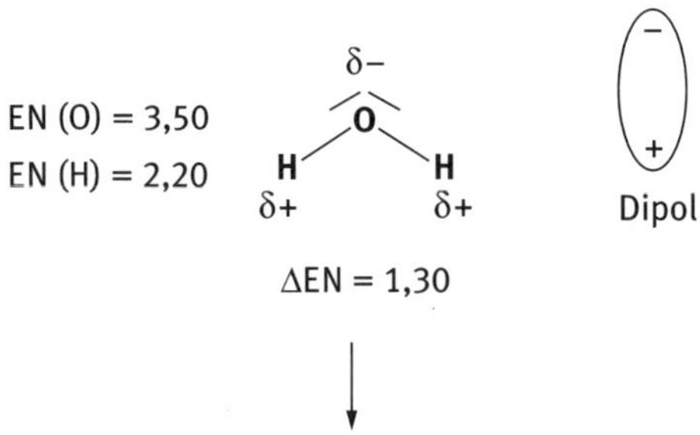

Die Bindungen im Wassermolekül sind aufgrund des großen Elektronegativitätsunterschieds der Bindungspartner stark polar. Das Wassermolekül ist ein Dipol, da die drei Atome winkelförmig angeordnet sind.

30.3 Die Bindungen im Ammoniakmolekül

EN (N) = 3,07

EN (H) = 2,20

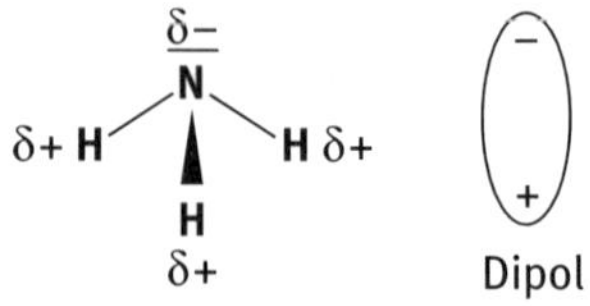

Δ EN = 0,87

↓

Da die vier Atome mit ihren drei polaren Bindungen eine dreiseitige Pyramide bilden, besitzt auch das Ammoniakmolekül Dipoleigenschaften.

30.4 Moleküle mit polaren Bindungen ohne Dipoleigenschaften

Heben sich in einem Molekül die *Dipolmomente der einzelnen polaren Bindungen* durch die *Geometrie des Gesamtmoleküls* auf, so kann „nach außen“ keine Dipoleigenschaft festgestellt werden, z.B. CO_2 und CH_4 (siehe Kap. 31).

31 Der räumliche Bau von Molekülen

Die LEWIS-Formeln zeigen die bindenden und nicht bindenden Elektronenpaare in den Molekülen mit Atombindungen an, geben jedoch zunächst keinen Aufschluß über die räumliche Anordnung der Atome im Molekül.

Im Kap. 30 wurde diese in den Beispielen vorgegeben, um die Dipoleigenschaften erklären zu können.

Anschaulich und erklärbar wird die räumliche Struktur von Molekülen anhand des *Elektronenpaarabstoßungs-Modells.* Hier werden die *Valenzelektronenpaare als jeweils räumlich gerichtete Elektronenwolken* betrachtet.

31.1 Regeln zur Ermittlung des Molekülbaus

- Bindende und nichtbindende (= freie) Elektronenpaare der Lewis-Formel müssen Berücksichtigung finden.
- Die Elektronenpaare stoßen sich aufgrund ihrer gleichnamigen, negativen Ladung ab und ordnen sich dementsprechend, unter Einhaltung des größtmöglichen Abstands voneinander, geometrisch an.
- Freie Elektronenpaare beanspruchen mehr Platz als bindende Elektronenpaare.
- Doppel- und Dreifachbindungen können geometrisch (näherungsweise) eingestuft werden wie Einfachbindungen.

31.2 Molekülbeispiele mit vier Elektronenpaaren

Vier von einem Atom ausgehende Elektronenwolken richten sich häufig in die *Ecken eines Tetraeders* aus, da so der maximale Abstand gleicher Ladungen gewährleistet ist.

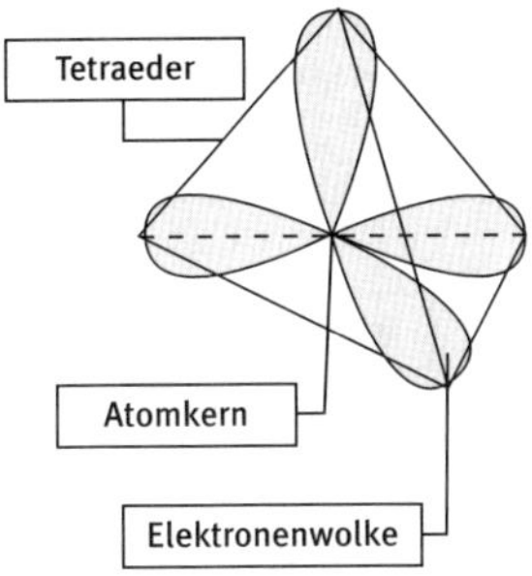

Methan	Ammoniak	Wasser	Chlorwasserstoff (= Hydrogenchlorid)	Kohlenstoffdioxid

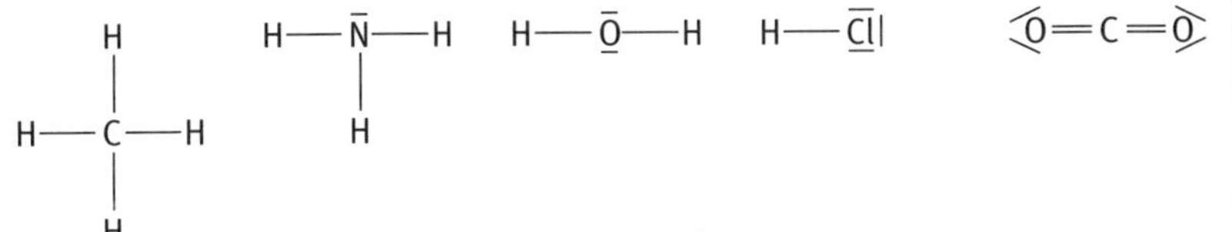

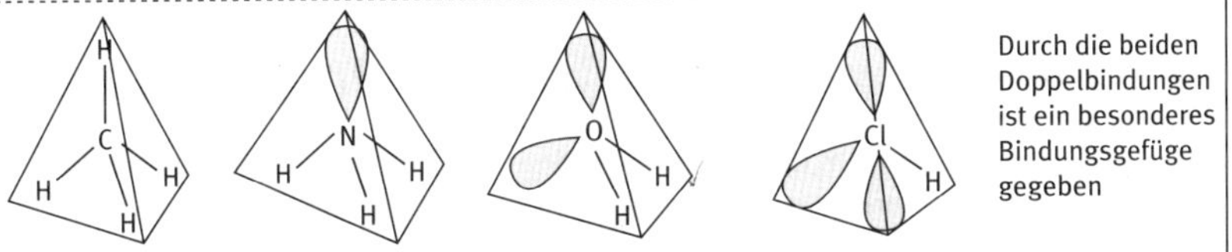

Methan	Ammoniak	Wasser	Chlorwasserstoff (= Hydrogenchlorid)	Kohlenstoffdioxid
Der Bindungswinkel HCH beträgt 109,5° = idealer Tetraederwinkel	Der Bindungswinkel HNH beträgt 107°. Er ist kleiner als der Tetraederwinkel.	Der Bindungswinkel HOH beträgt 104°. Er ist kleiner als der Tetraederwinkel.		Durch die beiden Doppelbindungen ist ein besonderes Bindungsgefüge gegeben
tetraedrisch	**pyramidal**	**gewinkelt**	**linear**	**linear**
Molekül als Ganzes **unpolar**, die Dipolmomente der vier Einfachbindungen heben sich durch die **regelmäßige Geometrie** auf	Molekül **polar**, negativer Pol bei Stickstoff	Molekül **polar**, negativer Pol bei Sauerstoff	Molekül **polar**, negativer Pol bei Chlor	Molekül **unpolar**, Dipolmomente der polaren Doppelbindungen heben sich auf

Abb. 31.1: Beispiele für die räumliche Ausrichtung bei Molekülen mit vier Elektronenpaaren

31.3 Übersicht über geometrische Formen in Molekülen

Die Formenvielfalt in der Molekülgeometrie ist beachtlich, da zwischen zwei und acht Elektronenpaaren der Valenzschale eines entsprechenden zentralen Atoms einen Einfluß auf die räumliche Struktur eines Moleküls ausüben. Da die resultierenden Verbindungen zum Teil ausgesprochen exotisch sind und in der gängigen Chemie eher selten eingesetzt werden, sollen hier nur Stichworte gegeben werden.

Tab. 31.1: Molekülstruktur bezogen auf die Zahl der Valenzelektronen des zentralen Atoms im Molekül.

Gesamtanzahl der bindenden bzw. nicht bindenden Elektronenpaare	Möglichkeiten der geometrischen Molekülstruktur
2	linear
3	trigonal-planar, gewinkelt
4	tetraedrisch, trigonal-pyramidal, gewinkelt, linear
5	trigonal-bipyramidal, T-förmig, linear
6	oktaedrisch, quadratisch-pyramidal, quadratisch-planar
8	quadratisch-antiprismatisch

Eine Vielzahl von Beispielen und Abbildungen bieten die Lehrbücher der Anorganischen Chemie!

32 Wechselwirkungen zwischen Stoffteilchen

Zwischen den Stoffteilchen der Materie (= Ionen, Atome, Moleküle) bestehen meist mehr oder weniger starke Beeinflussungen und Anziehungskräfte:

- In Kap. 26.3.1 wurden die Anziehungskräfte zwischen Ionen in Salzen behandelt.
- Atome verbinden sich zu kleineren oder größeren Verbänden (Moleküle, Atomgitter) (siehe auch Kap. 27).
- Zum Schmelzen, zum Verdampfen und zur Sublimation von Stoffen (vgl. Kap. 2) muß Energie aufgewendet werden, die zur Überwindung der zwischen den Teilchen wirksamen Kräfte erforderlich ist.
  (Smp., Fp. = Schmelzpunkt, Festpunkt; Sdp., Kp. = Siedepunkt, Kochpunkt)
  Je höher diese stoffspezifischen Temperaturwerte liegen, desto fester ist der Zusammenhalt bzw. stärker ist die Wechselwirkung zwischen den Stoffteilchen.
- Bei den *gasförmigen Elementen* (atomar: Edelgase – sowie molekular: Wasserstoff, Stickstoff, Sauerstoff, Fluor, Chlor) ist die gegenseitige Beeinflussung der Teilchen *gering*:
  Die *Edelgasatome* besitzen ihre stabile Elektronenkonfiguration der Valenzschale. Die übrigen gasförmigen Elemente bestehen aus unpolaren, relativ stabilen zweiatomigen Molekülen.

Neben den „echten“ Bindungen, wie wir sie mit der Ionenbindung und der Atombindung kennengelernt haben, gibt es also eine Reihe von *Kräften zwischen den Teilchen*, die am treffendsten mit dem Begriff *Wechselwirkungen* überschrieben werden können. Dabei wird deutlich, wie sich Stoffteilchen gegenseitig beeinflussen, jedoch *wirken sich diese Kräfte nicht auf die Verknüpfung der Atome innerhalb von Molekülen aus.*

32.1 Van-der-Waals-Kräfte

Diese Kräfte wirken zwischen *unpolaren Molekülen* (oder auch den Edelgasatomen) und sind *sehr schwach*. Bei einer entsprechend großen Zahl von Molekülen stellen sie jedoch in der Summe eine wichtige Form der zwischenmolekularen Wechselwirkung dar.

Besondere Bedeutung kommt den Van-der-Waals-Kräften in der Organischen Chemie zu (s. a. Kap. 38.6), die ganze Stoffamilien unpolarer Moleküle erschließt.

Die Anziehungskräfte zwischen unpolaren Molekülen, wie z.B. den Methanmolekülen (s. Kap. 31.2) oder den Halogenmolekülen F_2, Cl_2, Br_2, I_2 erklärt man durch eine zeitlich *nicht immer symmetrische Verteilung der Elektronen* innerhalb des Moleküls. So entstehen für sehr kurze Zeit schwache Dipole, sogenannte *spontane Dipole*, die auf die Elektronen benachbarter Teilchen Anziehungs- bzw. Abstoßungskräfte ausüben und diese dadurch ebenfalls polarisieren. Diese Teilchen sind dann *induzierte Dipole*. Aus den gegensätzlichen Teilladungen der spontanen und induzierten Dipole resultieren die schwachen, elektrostatischen *Van-der-Waals-Kräfte*.

Die Van-der-Waals-Kräfte (abgekürzt: VdW-Kräfte) sind *abhängig von der Moleküloberfläche, sie nehmen mit steigender Oberfläche zu!*

32.1.1 Van-der-Waals-Kräfte am Beispiel der Halogene

Betrachtet man die Elemente in der Gruppe der Halogene, so stellt man fest, daß F und Cl gasförmig, Br flüssig und I fest (bei Zimmertemperatur) vorliegen.

Dies läßt sich mit Hilfe der oberflächenwirksamen Van-der-Waals-Kräfte begründen:

1. Die Molekülgröße nimmt mit der Ordnungszahl zu, da die Elektronenhüllen der Einzelatome größer werden.
2. Die elektrostatischen Van-der-Waals-Kräfte können zunehmend stärker wirksam werden.
3. Die Eigenbewegung der Moleküle wird zunehmend eingeschränkt, der Zusammenhalt wird stärker.
4. Aus diesem Grund ist elementares Brom flüssig, der trotz allem wirksame, unpolare Charakter der Brommoleküle zeigt sich jedoch in der starken Neigung des Broms zum Verdampfen.
   Jod ist ein Feststoff, in dem die Iodmoleküle ein regelmäßiges *Molekülgitter* ausbilden (in dem die Teilchen jedoch wesentlich weniger fest zusammenhalten, als in einem Atom-bzw.Ionengitter). Allerdings zeigt sich auch bei Jod, daß die Moleküle prinzipiell unpolar und die Van-der-Waals-Kräfte schwach sind, da es sublimierbar ist, d.h. die Moleküle gehen verhältnismäßig leicht aus dem Gitterverband in die Gasphase über.

In diesem Zusammenhang erscheint der Hinweis nützlich, daß die *Eigenbewegung der Teilchen* eines Stoffes in der Reihenfolge der Aggregatzustände

gasförmig → flüssig → fest

abnimmt, der *Zusammenhalt* und die gegenseitige Beeinflussung dagegen *zunimmt*.

32.2 Wasserstoffbrückenbindungen

Vergleicht man die Siedepunkte der Wasserstoffverbindungen einiger Elementgruppen, so fallen Beispiele mit bemerkenswert erhöhten Siedepunkten auf: Dies sind NH_3, H_2O und HF (Fluorwasserstoff) in den Hauptgruppen V, VI und VII.

Zwischen den Molekülen dieser Verbindungen bestehen offensichtlich besonders *starke Wechselwirkungen*, die folgendermaßen zu interpretieren sind:

1. Die ΔEN-Werte (s. Kap. 29) der Bindungen zwischen H-Atomen und den Atomen von N, O bzw. F sind sehr groß.
2. Die Moleküle besitzen dementsprechend ausgeprägte Dipoleigenschaften.
3. An den „Molekülenden“, an denen die H-Atome lokalisiert sind, findet sich eine starke positive Teilladung δ^+, der am Gegenpol eine entsprechende negative Teilladung δ^- gegenübersteht.
4. Die Molekülpole ziehen jeweils die gegensätzlich geladenen Pole von *Nachbarmolekülen* an.
5. Es entsteht ein intensiver Zusammenhalt zwischen den Molekülen.

Diese starke Wechselwirkung zwischen benachbarten Molekülen heißt *Wasserstoffbrückenbindung*.

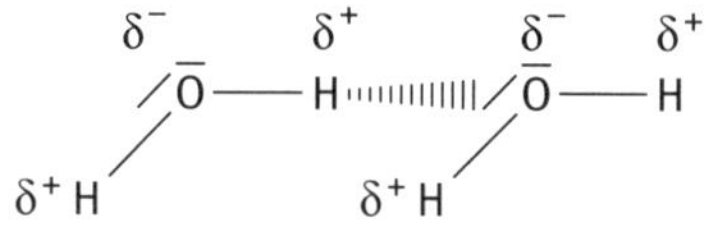

Wasserstoffbrückenbindung

32.3 Dipol-Dipol-Wechselwirkungen

Zwischen den polaren Molekülen von Verbindungen, wie z. B. der Halogenwasserstoffe HF, HCl, HBr (Bromwasserstoff) und HI (Iodwasserstoff), die aufgrund ihrer Molekülgeometrie sogenannte *permanente Dipole* darstellen, bestehen *anziehende* Wechselwirkungen, die als *Dipol-Dipol-Wechselwirkungen* bezeichnet werden.

Die Intensität der Dipol-Dipol-Wechselwirkungen wird von mehreren Faktoren beeinflußt:

1. ΔEN (s. Kap. 29) der Atombindungen drückt die innerhalb eines Moleküls vorhandene Polarität quantitativ aus und vermittelt ein relatives Maß für die Stärke der Dipoleigenschaften.
2. Zusätzlich machen sich zwischen den Molekülen u. U. auch andere Wechselwirkungen bemerkbar, d. h. eine isolierte Betrachtung ist oft gar nicht möglich.

Die Dipol-Dipol-Wechselwirkungen sind *relativ schwache zwischenmolekulare Kräfte*, die jedoch auf die Siede- und Schmelzpunkte der Verbindungen Auswirkungen besitzen oder auch, vor allem bei Makromolekülen organischer Verbindungen, einen Einfluß auf die räumliche Anordnung von Molekülabschnitten ausüben.

32.4 Lösungsvorgänge und Lösungsmittel

Prinzipiell gilt die einfache Grundregel:

Ähnliches löst sich in Ähnlichem!

32.4.1 Wasser als Lösungsmittel für Salze

Salze oder auch Stoffe, deren Moleküle polare Eigenschaften besitzen, lösen sich in der Regel in „polaren" Lösungsmitteln, wie z.B. im Wasser (s. Kap. 30.2).

Löst sich z.B. ein farbloses Salz in Wasser, so ist nach dem Lösungsvorgang der Feststoff nicht mehr zu sehen, die Flüssigkeit scheint ihn vollständig aufgenommen zu haben. Prüft man die Eigenschaften der entstandenen wäßrigen *Lösung*, so fällt auf:

- U.U. hat sich die Temperatur der Flüssigkeit erhöht oder erniedrigt, da auch Lösungsvorgänge mit Energieumsätzen verbunden sind.
- Die Dichte und die lichtbrechenden Eigenschaften haben sich verändert.
- Siedepunkte liegen höher (*Siedepunktserhöhung*) und Gefrierpunkte niedriger (*Gefrierpunktserniedrigung*) als beim reinen Lösungsmittel.

Diese Veränderungen der Eigenschaften *beider* am Lösungsvorgang beteiligten Stoffe, läßt auf weitere Formen der Wechselwirkung zwischen Teilchen schließen.

Hier ist es die *Wechselwirkung zwischen Wassermolekülen und Ionen*, mit der das Lösungsvermögen des Wassers stellvertretend einer genaueren Betrachtung unterzogen werden soll:

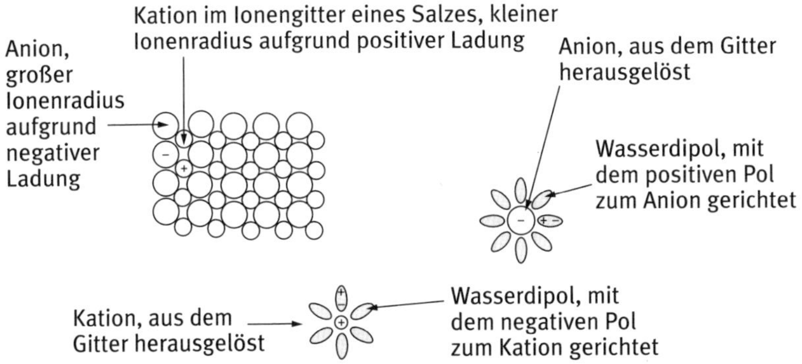

Abb. 32.1: Hydratation von Ionen beim Lösen eines Salzkristalls

Die, durch die Wirkung von polaren Wassermolekülen aus der Oberfläche des Ionengitters, herausgedrängten Kationen und Anionen werden sofort vollständig mit Wassermolekülen umgeben, wobei sich *die jeweils entgegengesetzten Ladungen bzw. Teilladungen annähern.*
Die Wassermoleküle bilden um jedes Ion eine *Hydrathülle.*
Der Vorgang dieser Umhüllung heißt *Hydratation.*

Beim Lösungsvorgang in Wasser gehen die Ionen entsprechend der *Löslichkeit* (siehe auch Kap. 32.4.3) eines Salzes aus dem Verband des Ionengitters in einzelne, *hydratisierte Ionen* über.

Der Lösungsvorgang ist mit Energieumsätzen verbunden. Der Energiebetrag, der zur Auflösung des Gitterverbandes eines Salzes aufgebracht werden muß, heißt *Gitterenthalpie*, der Energiegewinn bei der Hydratation ist die *Hydratationsenthalpie.* Die Differenz aus beiden Größen ist die *Lösungsenthalpie*, welche das Lösungsverhalten insgesamt mitbestimmt und die am Anfang erwähnten Temperaturänderungen verursacht.

32.4.2 Unpolare Lösungsmittel

Lösungsmittel, deren Moleküle keine Teilladungen besitzen oder in deren Molekülen sich die Dipoleigenschaften einzelner Atombindungen durch die Molekülgeometrie aufheben (siehe Kap. 31.2), werden als „unpolare" Lösungsmittel bezeichnet.

Beispiele:

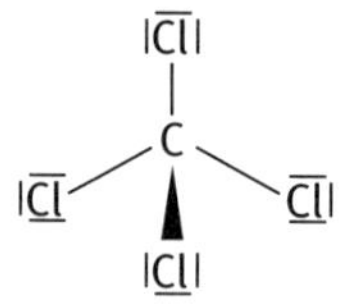

Tetrachlormethan oder Tetrachlorkohlenstoff, das Molekül ist insgesamt unpolar

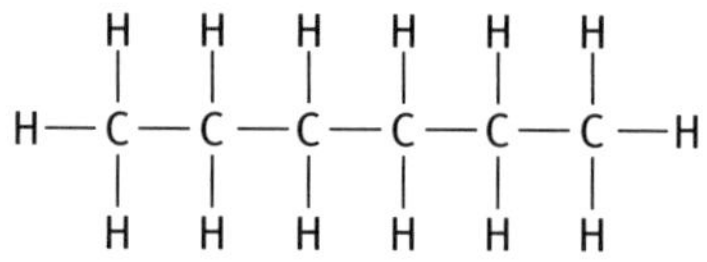

n-Hexan ist ein organisches, langgestrecktes Molekül ohne polare Eigenschaften

Nach der Grundregel „Ähnliches löst sich in Ähnlichem" lösen sich Stoffe mit weitgehend unpolaren Molekülen, wie z. B. die Fette, in Lösungsmitteln wie Benzin, dessen Hexanmoleküle ebenfalls unpolar sind (Prinzip des „Fleckenwassers").

Unpolare Lösungsmittel wie Tetrachlormethan vermögen Salze oder polare Stoffe **nicht** zu lösen!

32.4.3 Zusammenfassung und Fachausdrücke

- Polare und unpolare Stoffe lösen sich nicht ineinander (Man orientiere sich an den Fettaugen auf der wäßrigen Suppe!).
- Die Stoffmenge, die ein bestimmtes Lösungsmittel aufnehmen kann, ist von Stoff zu Stoff unterschiedlich – es gibt *schwerlösliche* und *leichtlösliche* Stoffe.

- Salze sind in Wasser oder auch anderen Lösungsmitteln mengenmäßig unterschiedlich gut löslich. Die sogenannte *Löslichkeit* L eines Stoffes gibt an, wieviel Gramm eines Stoffes in einer Lösungsmittelportion der Masse 100 g bei einer bestimmten Temperatur gelöst werden können.
  Die Einheit ist g/100g.
  Beispiele:
  L (Rohrzucker in Wasser) = 203,9 g/100g
  L (Gips in Wasser) = 0,2 g/100g
- Eine tiefergehende quantitative Erfassungs- und Einschätzungsmöglichkeit bietet das sogenannte *Löslichkeitsprodukt.*
  (Weitere Ausführungen zum Löslichkeitsprodukt sind den Lehrbüchern der Anorganischen Chemie zu entnehmen!)
- Man unterscheidet *ungesättigte* und *gesättigte* Lösungen: Erstere vermögen weitere Portionen des zu lösenden Stoffes (bis zum Erreichen der Löslichkeit) ohne Rückstand aufzunehmen, letztere nicht.
- Erfolgt kein gesonderter Hinweis auf das Lösungsmittel, so kann von einer wäßrigen Lösung ausgegangen werden.
- Mitunter ist es erforderlich, in den Reaktionsgleichungen Hinweise auf die Aggregatzustände der Reaktionspartner oder auf die Hydrathüllen, der in einer Lösung vorhandenen Ionen, unterzubringen.
  Beispiele:

  $NaCl\ (s) \rightarrow Na^{+}\ (aq) + Cl^{-}\ (aq)$
  Festes NaCl (Natriumchlorid) geht in Lösung und es entstehen hydratisierte Ionen Na^{+} (aq) und Cl^{-} (aq).

  $CuSO_4\ (s) \rightarrow Cu^{2+}\ (aq) + SO_4^{2-}\ (aq)$
  Festes $CuSO_4$ (Kupfersulfat) geht in Lösung und es entstehen hydratisierte Ionen.

- *Mehratomige Ionen* wie das Sulfation SO_4^{2-} bleiben in *Lösung als Verband* erhalten!

33 Massenanteil und Volumenanteil

Gerade bei der chemischen Laborarbeit ist es oft vonnöten, Lösungen herzustellen, die einen bestimmten Gehalt an einem gelösten Stoff haben.

Der *Massenanteil w* einer Lösung ist der Quotient aus der Masse m(X) des gelösten Stoffes X in g und der Masse der *Lösung* m(Ls) in g.

$$w = \frac{m(X)}{m(Ls)}$$

Der Massenanteil wird in Prozent % angegeben:

Eine 5%ige Kochsalzlösung enthält somit 5 g Natriumchlorid in 100 g Lösung.

Bei gelösten Flüssigkeiten wird der *Volumenanteil* φ zur Angabe des Gehaltes der Lösung verwendet.

Der Volumenanteil φ ist der Quotient aus dem Volumen V(X) der gelösten Flüssigkeit X und dem Volumen der *Lösung* V(Ls), jeweils in ml.

$$\varphi = \frac{V(X)}{V(Ls)}$$

Auch der Volumenanteil wird in der Regel in % ausgedrückt:

Eine Lösung mit einem Volumenanteil von 35% wird hergestellt, indem 35 ml einer Flüssigkeit mit dem Lösungsmittel (möglichst im Eichgefäß) auf 100 ml aufgefüllt werden.

34 Die Stoffmengenkonzentration

Diese quantitative Größe ist für stöchiometrische Berechnungen mit Lösungen sehr wichtig und wird entsprechend in den nachfolgenden Kapiteln häufig gebraucht werden. Sie gibt Auskunft über die *Stoffmenge eines gelösten Stoffes* (=n(X) in mol, vgl. Kap. 20) in einem bestimmten Lösungsvolumen (=V(Ls) in l) bei Raumtemperatur.

Die Einheit für die Stoffmengenkonzentration c(X) ist $\frac{\text{mol}}{\text{l}}$:

$$c(X) = \frac{n\,(X)}{V\,(Ls)}$$

Die Konzentrationsangabe bezieht sich auf das *Volumen der Lösung = V(Ls)* und *nicht* auf das Volumen des Lösungsmittels!

Stellt man z.B. eine Lösung der (Stoffmengen-) Konzentration c(X) = 1 mol/l her, so wird 1 mol des Stoffes X in ein Einliter-Eichgefäß eingebracht und sodann mit dem Lösungsmittel genau bis zur Einlitermarke aufgefüllt.

Eine Natriumhydroxid-Lösung (= Natronlauge) der Stoffmengenkonzentration c(NaOH) = 0,5 mol/l enthält

0,5	mol	=	20 g in 1,0 l Lösung
0,25	mol	=	10 g in 0,5 l Lösung
1	mol	=	40 g in 2,0 l Lösung

Allgemein:

Der Quotient aus Stoffmenge n(X) und V(Ls) ergibt stets denselben Wert und entspricht dem Wert der Stoffmengenkonzentration.

35 Das Aufspalten von Atombindungen

Um wichtige *Reaktionstypen* der Organischen wie der Anorganischen Chemie verstehen zu können, ist das Wissen um die Möglichkeiten einer Aufspaltung von Molekülen mit Atombindungen von Bedeutung.

Da Atombindungen von einem oder mehreren Elektronenpaaren gebildet werden, kommt es bei einer Spaltung darauf an, ob die Elektronen *gleichmäßig* oder *unsymmetrisch* auf die bisherigen Bindungspartner aufgeteilt werden.

Auch bei der *Trennung von Bindungen im Verlauf einer chemischen Reaktion* ist es die *Bindungspolarität* (siehe Kap. 30), die die Art und Weise des weiteren Reaktionsverlaufs entscheidend mitbeeinflußt.

35.1 Homolyse

Bei der Herstellung von Chlorwasserstoff HCl läuft die nachstehende Reaktion ab:

$$H_2\,(g) + Cl_2\,(g) \rightarrow 2\,HCl\,(g)$$

$$\Delta H = -184\ KJ$$

(Die exotherme Reaktion kann mit Licht als Aktivierungsenergie in Gang gesetzt werden!)
Im Reaktionsverlauf müssen die unpolaren Wasserstoff- und Chlormoleküle aufgespalten werden, um sich zu den polaren Chlorwasserstoffmolekülen vereinigen zu können.

Das Gemisch aus H_2 und Cl_2 heißt *Chlorknallgas* und reagiert entsprechend explosiv.

35.1.1 Der Reaktionsmechanismus der Chlorwasserstoffherstellung

Beabsichtigt man, die Geschehnisse einer chemischen Reaktion auf atomarer Ebene genauer zu studieren, so erweist es sich als günstig, einen sogenannten *Reaktionsmechanismus* zu formulieren: Dabei wird der Gesamtablauf einer Reaktion, wie ihn die Reaktionsgleichung wiedergibt, in *Einzelschritte* zerlegt.

Für diese werden dann eigenständige Reaktions-(Abschnitts-)gleichungen erstellt, die auf Details des Reaktionsablaufs eingehen.

Besonders häufig bedient man sich Reaktionsmechanismen zur Aufklärung des Reaktionsgeschehens in der Organischen Chemie.

Die Entstehung von HCl aus den Elementen läßt sich in folgende Teilschritte zerlegen:

Kettenstart:

$$|\overline{\underline{Cl}}-\overline{\underline{Cl}}| \xrightarrow{\text{Licht}} |\overline{\underline{Cl}}\cdot \;+\; \cdot\overline{\underline{Cl}}|$$

Chlor-Radikale,
äußerst reaktiv

Kettenfortpflanzung:

$$|\overline{\underline{Cl}}\cdot \;+\; H-H \longrightarrow H\cdot \;+\; H-\overline{\underline{Cl}}|$$

$$H\cdot \;+\; |\overline{\underline{Cl}}-\overline{\underline{Cl}}| \longrightarrow |\overline{\underline{Cl}}\cdot \;+\; H-\overline{\underline{Cl}}|$$

Wasserstoff-
Radikal

Kettenabbruch:
Radikale treffen aufeinander und vereinigen sich vorzugsweise zu HCl-, aber auch wieder zu Cl- und H-Molekülen.

$$H\cdot \;+\; |\overline{\underline{Cl}}\cdot \longrightarrow H-\overline{\underline{Cl}}|$$

$$H\cdot \;+\; H\cdot \longrightarrow H-H$$

$$|\overline{\underline{Cl}}\cdot \;+\; |\overline{\underline{Cl}}\cdot \longrightarrow |\overline{\underline{Cl}}-\overline{\underline{Cl}}|$$

35.1.2 Zusammenfassung und Fachbegriffe

Bei der Reaktion von Wasserstoff und Chlor zu Chlorwasserstoff handelt es sich um einen *Radikalkettenmechanismus*, der nach dem Hinzutreten von Aktivierungsenergie *explosionsartig* verläuft.

Die Trennung der bindenden Elektronenpaare der Einzelbindungen erfolgt *homolytisch*, die Elektronen werden also gleichmäßig auf die ehemaligen Bindungspartner verteilt.

Die entstehenden *Radikale*, sind kurzlebige Teilchen, die sich mit ihrem *einsamen, ungepaarten Elektron* in einem energetisch höchst ungünstigen Zustand befinden. Dies ist jedoch der Grund für ihre *außerordentlich hohe Reaktivität*.

Der *Zusammenschluß von Radikalen* zu energetisch bevorzugten, stabilen Molekülen, im betrachteten Fall zu den Chlorwasserstoffmolekülen, *setzt viel Energie frei*, d.h. die Reaktion ist insgesamt exotherm (siehe dazu auch Kap. 12.2).

35.2 Heterolyse

Neben der homolytischen Trennung von Atombindungen ist eine Aufspaltung mit *einseitiger Zuteilung der Bindungselektronen an einen Bindungspartner* möglich.

35.2.1 Reaktion zwischen Chlorwasserstoff und Wasser

Die Reaktion zwischen H_2O (l) und HCl (g) verläuft spontan und kräftig:

$$H_2O\ (l) + HCl\ (g) \rightarrow H_3O^+\ (aq) + Cl^-\ (aq)$$

Die nähere Betrachtung des Reaktionsablaufes zeigt, daß sich zum einen Chlorwasserstoff in Wasser aufgrund der polaren Eigenschaften beider Stoffe in riesigen Mengen löst und daß sich zum anderen eine wichtige chemische Reaktion zwischen den Molekülen beider Stoffe abspielt:
Die Lösung besitzt nämlich *elektrische Leitfähigkeit* und es lassen sich *Ionen nachweisen*, d.h. aus Molekülen mit polaren Bindungen (siehe Kap. 30) sind geladene Teilchen entstanden.

Reaktionsmechanismus:

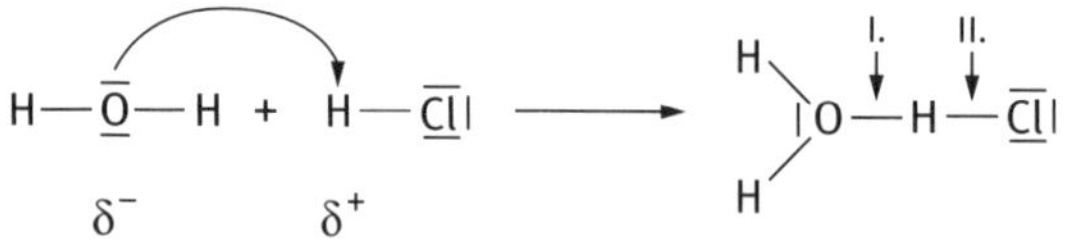

Zwischen einem freien Elektronenpaar des Sauerstoffs des Wassermoleküls und dem positiven Pol des Wasserstoffs des HCl-Moleküls erfolgt eine Annäherung

Übergangszustand:
Die Bindung I. ist noch nicht geschlossen, die Bindung II. noch nicht vollständig gelöst

Ein **Proton** H^+ wird übertragen

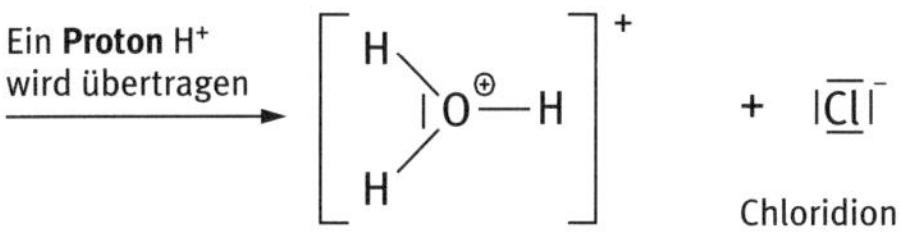

Oxoniumion = Hydroxoniumion

Chloridion

Das Oktett des O-Atoms bleibt erhalten, obwohl es eine positive Ladung trägt

Das ehemalige Bindungselektronenpaar bleibt ganz beim Chlor

35.2.2 Zusammenfassung und Fachbegriffe

Bei der *heterolytischen* Spaltung einer Atombindung *erhält das elektronegativere Atom das bindende Elektronenpaar* ganz und es entstehen Ionen aus vormalig neutralen Teilchen.

- Die Reaktion zwischen gasförmigem Chlorwasserstoff und Wasser ist geprägt von der großen *Löslichkeit* (siehe Kap. 32.4.3) beider Stoffe ineinander und der starken Tendenz zum *Protonenübergang* (siehe auch Kap. 36) zwischen den Molekülen beider Stoffe.
- Ein *Proton* ist ein Wasserstoffion H^+, d.h. ein *Wasserstoffatom hat sein einziges Elektron abgegeben.*
- Die resultierende Lösung enthält negativ geladene Chloridionen Cl^- und positiv geladene Oxoniumionen H_3O^+ (= Hydroxoniumionen), wobei letztere die *sauren Eigenschaften* der Lösung (siehe Kap. 36) bedingen.
- Eine Lösung von Chlorwasserstoff in Wasser heißt *Salzsäure*, wird wie die reine, gasförmige Verbindung mit der Formel *HCl* bezeichnet und in dieser Form auch in den Reaktionsgleichungen verwendet.
- Die starke Triebkraft der Reaktion liegt beispielsweise darin, daß das Chloridion mit seiner Edelgaskonfiguration als Produkt entsteht und daß die beiden Ionensorten aufgrund der Ladungen eine umfangreiche Hydrathülle ausbilden, wobei eine beachtliche *Hydratationsenthalpie* (siehe Kap. 32.4.1) freigesetzt wird.

36 Protonenübergänge

Bei der in Kap. 35.2 betrachteten Heterolyse wird ein Proton aus den Molekülen einer Verbindung (Chlorwasserstoff) herausgelöst und auf die Moleküle einer anderen Verbindung (Wasser) übertragen.

Es handelt sich dabei um ein Beispiel für einen sehr häufig auftretenden Reaktionstyp, der durch solche *Protonenübergänge* charakterisiert ist:

- *Stoffe, die Protonen abgeben* (im Bsp. Chlorwasserstoff) werden als *Säuren = Protonendonatoren* bezeichnet.
- Desgleichen sind Stoffe, *die Protonen aufnehmen* (im Bsp. Wasser) als *Basen = Protonenakzeptoren* definiert.
- Der Reaktionstyp, dem Protonenübergänge zugrunde liegen, heißt *Säure-Base-Reaktion.*

Der Austritt von Protonen aus Molekülen ist das gebräuchlichste Beispiel einer Heterolyse und wird dementsprechend als *Protolyse* bezeichnet.

Es ist ausgesprochen wichtig, sich neben dem charakteristischen, „mechanischen" Platzwechsel eines Protons während einer solchen Reaktion über das Ausmaß der grundsätzlichen Bereitschaft der beteiligten Teilchen einerseits zur Protonenabgabe und andererseits zur Protonenaufnahme klar zu werden. Hier existieren gewaltige Unterschiede, die bei quantitativen Betrachtungen Berücksichtigung finden müssen (vgl. Kap. 36.4).

36.1 Grundlegendes zu Säuren und Basen

Früher erkannte man Säuren als Stoffe, die sich entweder durch ihren sauren Geschmack, wie z.B. die Essigsäure und die Zitronensäure, oder durch ihre ätzenden Eigenschaften, wie die Salzsäure oder die Schwefelsäure auszeichneten.

Basen waren Stoffe, die die Wirkung von Säuren aufheben = *neutralisieren* (vgl.Kap. 36.10) können, deren Geschmack als seifig einzustufen ist und die in entsprechender Konzentration ihrerseits ätzende Wirkung entfalten können. Wichtige Beispiele sind Natriumhydroxid (Ätznatron) und Ammoniak.

Von den früher üblichen Geschmacksproben ist allerdings entschieden abzuraten!

Die Begriffe Säure und Base werden heute vor dem Hintergrund der eingangs erwähnten Definition des Protonenübergangs nach dem Chemiker Brönsted verwendet:

Teilchen, die bei Reaktionen Protonen abgeben, sind *Brönsted-Säuren* und Teilchen, die Protonen aufzunehmen vermögen, sind *Brönsted-Basen.*

Der *Säure-Base-Begriff nach Brönsted* beschränkt sich aufgrund des obligatorischen Protonenübergangs auf *Wasserstoffverbindungen*!

Die folgenden Ausführungen beziehen sich stets auf Brönsted-Säuren bzw. -Basen!

(Informationen zum noch weiter gefaßten *Säure-Base-Konzept nach Lewis* sind den Lehrbüchern der Anorganischen Chemie zu entnehmen!)

36.2 *Die Säure-Base-Reaktion*

Die Zuordnung von Stoffen bzw. Teilchen zu einem der Begriffe „Säure“ oder „Base“ erfolgt aufgrund ihres Vermögens Protonen abzugeben oder aufzunehmen, entspricht also einer *Teilchenfunktion.*

Dies drückt sich in der nachstehenden allgemeinen „Funktionsgleichung“ für Säure-Base-Reaktionen aus:

$$HA + |B \longrightarrow A^- + HB^+$$

HA		lB		A⁻ + HB⁺
Säure = Protonen-donator, Wasserstoff-verbindung		Base = Protonen-akzeptor, Verbindung mit mind. einem freien Elektronenpaar		Ionen

36.2.1 Beispiele

1. $HCl + H_2O \longrightarrow Cl^- + H_3O^+$

(siehe Kap. 35.2.1)

Achtung: Bei dieser Reaktion ist Wasser die Base!

2. $H_2O + NH_3 \longrightarrow OH^- + NH_4^+$

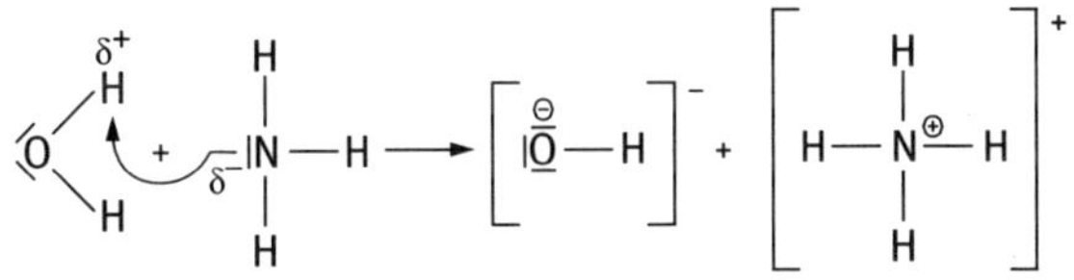

Säure Protonen-donator	Base Protonen-akzeptor	Hydroxidion	Ammoniumion

Das freie Elektronenpaar des N-Atoms knüpft eine neue Bindung zu einem H-Atom des Wassermoleküls, das bindende Elektronenpaar bleibt beim O-Atom.

Achtung:
Bei diesem Protonenübergang ist Wasser die Säure!

3. $HCl + NH_3 \longrightarrow Cl^- + NH_4^+$

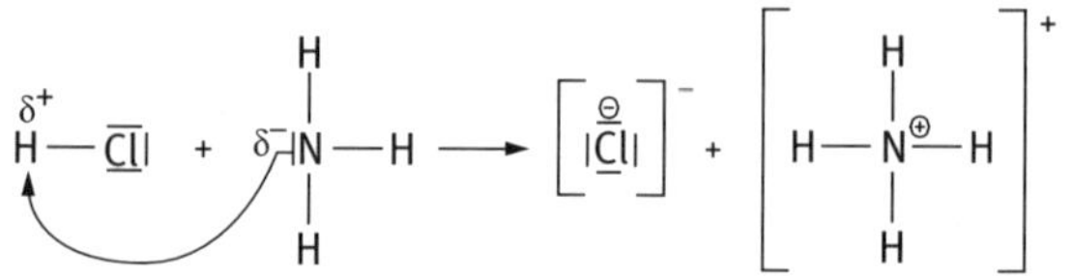

Säure Protonen-donator	Base Protonen-akzeptor	Chloridion	Ammoniumion

Das freie Elektronenpaar des N-Atoms knüpft eine neue Bindung zu einem H-Atom des HCl-Moleküls, das bindende Elektronenpaar bleibt beim Cl-Atom.

Innerhalb der Klammern geben die Plus- und Minuszeichen an, wo die Ladungen lokalisiert sind: Beim Ammoniumion trägt der Stickstoff die positive Ladung.

Bei diesem Protonenübergang ist Chlorwasserstoff (Salzsäure) der Protonenspender!

Den Beispielen 1 – 3 entsprechend sind folgende Aussagen festzuhalten:

- Durch *Säure-Base-Reaktionen entstehen* in der Regel aus Molekülen Ionen! (Ausnahmen siehe Bemerkung unten!)
- Ein freies Elektronenpaar des *Basenteilchens* bildet eine neue Atombindung zu einem Proton des Säureteilchens aus. Dabei verliert das zentrale, „basische“ Atom nicht das Elektronenoktett, übernimmt jedoch die *positive Ladung*, die das Proton „mitbringt“.
- Das ehemals bindende Elektronenpaar im *Säureteilchen* bleibt vollständig dort zurück und verursacht durch das überzählige Elektron eine *negative Ladung*. Der vormalige Bindungspartner des Wasserstoffs besitzt nach wie vor ein Elektronenoktett, kann jedoch ein zusätzliches Elektron quasi „ganz“ für sich beanspruchen.
- Wassermoleküle können je nach Reaktionspartner, Protonen aufnehmen bzw. abgeben (siehe auch Kap.36.3).

Bemerkung:
Da auch *Ionen* als Säuren oder Basen wirksam werden können, wenn sie mit dem entsprechenden Reaktionspartner konfrontiert sind, können andere Ladungsverhältnisse auftreten: So ist beispielsweise das positiv geladene Ammoniumion eine potentielle Säure und geht durch eine Protonenabgabe in das neutrale Ammoniakmolekül über!

36.3 Ampholyte

36.3.1 Wasser – Ampholyt und Lösungsmittel

Mit dem Wassermolekül ist ein Teilchen bereits bekannt (siehe Kap. 36.2.1), *das je nach Reaktionspartner als Säure oder als Base wirksam werden kann.* Solche Teilchen bezeichnet man als *Ampholyte.*

- Wird nun in Wasser ein Stoff gelöst, dessen Teilchen eine stärkere Neigung haben, ein Proton abzugeben als die Wassermoleküle, so ist dieser Stoff eine *stärkere Säure* (schwächere Base) *als Wasser.*
  In diesen Fällen ist die Säure-Base-Reaktion von einem *Protonenübergang zum Wassermolekül* gekennzeichnet:

HCl	+	H_2O	→	Cl^-	+	H_3O^+
Salzsäure				Chloridion		
H_2SO_4	+	H_2O	→	HSO_4^-	+	H_3O^+
Schwefelsäure				Hydrogensulfation		
HNO_3	+	H_2O	→	NO_3^-	+	H_3O^+
Salpetersäure				Nitration		
H_3PO_4	+	H_2O	→	$H_2PO_4^-$	+	H_3O^+
Phosphorsäure				(Di-)Hydrogen-phosphation		

  Die Wassermoleküle reagieren in allen oben genannten Fällen als Base! Auf der *Produktseite* finden sich stets *Oxoniumionen*, deren Konzentration sich im Verlauf der Reaktion erhöht!
  Die Oxoniumionenkonzentration $c(H_3O^+)$ (siehe auch Kap. 34) wirkt sich auf die Eigenschaften der Lösung aus.
- Ist ein gelöster Stoff dagegen bereit, Protonen von den Wassermolekülen aufzunehmen, so ist er eine *schwächere Säure* (stärkere Base) *als Wasser.*
  Hier verläuft die Säure-Base-Reaktion als *Protonenübergang vom Wassermolekül zu den Teilchen des gelösten Stoffes*:

NH_3	+	H_2O	→	NH_4^+	+	OH^-
Ammoniak				Ammoniumion		

  (vgl. Kap. 36.2.1)
  Hier reagieren die Wassermoleküle als Säure!
  Auf der Produktseite erhöht sich die *Hydroxidionen*konzentration $c(OH^-)$ (siehe auch Kap. 34) im Verlauf der Reaktion. Auch dieses beeinflußt die Eigenschaften der Lösung.

36.3.2 Andere Ampholyte

Hierbei handelt es sich zum Beispiel um *mehratomige Ionen* (vgl. Kap. 26.5.3), die durch Protonenabgabe (= *Protolyse*) aus den sogenannten *mehrprotonigen Säuren* entstehen können. Letztere weisen mehr als ein Wasserstoffatom im Molekül auf:

Tab. 36.1: Ampholyte

mehrprotonige Säure vor der Protolyse	Ampholyt-Teilchen	durch Protonenaufnahme entsteht	durch Protonenabgabe entsteht
H_2CO_3 Kohlensäure	HCO_3^- Hydrogen-carbonation	H_2CO_3 Kohlensäure	CO_3^{2-} Carbonation
H_2SO_4 Schwefelsäure	HSO_4^- Hydrogen-sulfation	H_2SO_4 Schwefelsäure	SO_4^{2-} Sulfation
H_2SO_3 Schweflige Säure	HSO_3^- Hydrogen-sulfition	H_2SO_3 Schweflige Säure	SO_3^{2-} Sulfition
H_2S Schwefelwasser-stoff(säure)	HS^- Hydrogen-sulfidion	H_2S Schwefelwasser-stoff(säure)	S^{2-} Sulfidion
H_3PO_4 Phosphorsäure	HPO_4^{2-} Hydrogen-phosphation	$H_2PO_4^-$ Dihydrogen-phosphation	PO_4^{3-} Phosphat-ion

Die Namen der vorgestellten mehratomigen Ionen gehören zum Grundwissen der Anorganischen Chemie, da sie sehr häufig in den Namen von Salzen vorkommen!

36.4 Die Stärke von Säuren und Basen

Es gibt sehr starke, starke, schwache und sehr schwache Säuren und entsprechend auch sehr starke, starke, schwache und sehr schwache Basen.

Das bedeutet, daß *das Bestreben, Protonen abzugeben oder aufzunehmen, bei den potentiellen Säuren und Basen deutlich unterschiedlich ausgeprägt ist.* Darauf wurde bereits im Kap. 36.3.1 am Beispiel des Ampholyten Wasser hingewiesen.

Auch im Fall einer Reaktion, in deren Reaktionsgleichung Wasser nicht direkt als Reaktionspartner erscheint, ist es von entscheidender Bedeutung, *welches der Edukte das intensivere Bestreben zur Protolyse hat.*

Bei der Reaktion von Chlorwasserstoff mit Ammoniak (3. Beispiel, Kap. 36.2.1) zu Ammoniumchlorid NH_4Cl

$$HCl(g) + NH_3(g) \rightarrow (Cl^- + NH_4^+) \rightarrow NH_4Cl(s)$$

erfolgt der Protonenübergang vom Chlorwasserstoff zum Ammoniak und nicht umgekehrt, obwohl beide Moleküle sowohl H-Atome als auch freie Elektronenpaare besitzen. Somit ist HCl die stärkere Säure als NH_3.

Man könnte jedoch auch sagen:
NH_3 ist die stärkere Base als HCl oder
NH_3 ist die schwächere Säure als HCl oder
HCl ist die schwächere Base als NH_3
Faktisch hat HCl keinerlei Tendenz ein Proton aufzunehmen. Genauso ist das Bestreben zur Protonenabgabe bei NH_3 unter gewöhnlichen Bedingungen gleich Null!
Zur Beachtung: Erfolgt die Reaktion in wäßriger Lösung, ändern sich bei näherer Betrachtung $c(H_3O^+)$ und $c(OH^-)$ in der Lösung, da NH_4^+-Ionen Protonen an H_2O-Moleküle abgeben.

36.5 Saure und alkalische Lösungen

Durch eine Säure-Base-Reaktion verändern sich in der wäßrigen Lösung die Konzentrationen der Oxonium- und Hydroxidionen:

- Eine Lösung mit erhöhter Oxoniumionenkonzentration *reagiert sauer!*
- Eine Lösung mit erhöhter Hydroxidionenkonzentration *reagiert basisch* (hier verwendet man auch den Ausdruck *alkalisch*)!

Um sich vor Verwirrung zu schützen, beachte man den Unterschied zwischen
- der *Funktion von Teilchen als Säure bzw. als Base* (entsprechend der Vorgänge von Protonenaufnahme oder -abgabe) und
- der *Eigenschaft einer Lösung, die sauer oder basisch = alkalisch reagiert!*

Es ist also festzuhalten:
- Eine Lösung, in der eine Säure-Base-Reaktion stattgefunden hat, kann saure oder alkalische Eigenschaften besitzen.
- Auch Säure-Base-Reaktionen, in deren Reaktionsgleichung Wasser nicht erscheint, beeinflussen die Oxonium- und die Hydroxidionenkonzentration und damit die sauren oder alkalischen Qualitäten.

Die Teilchenfunktion wurde in den vorangegangenen Kapiteln (36.1 bis 36.3) besprochen, die Lösungsqualitäten sauer bzw. basisch = alkalisch können mit geeigneten chemischen Reagentien (siehe Kap. 36.9) nachgewiesen werden.

36.6 Der Neutralpunkt einer Lösung

Da der saure oder alkalische Charakter einer Lösung von der Konzentration der Oxonium- $c(H_3O^+)$ bzw. Hydroxidionen $c(OH^-)$ abhängt, ist es für quantitative Betrachtungen erforderlich, stöchiometrische Bezüge zu schaffen.

Zwischen den Extremen sehr sauer und sehr alkalisch kann man sich, ähnlich wie bei der Temperaturskala, einen fortschreitenden Übergang vorstellen, dessen „*Nullpunkt*“ der sogenannte *Neutralpunkt* ist. An diesem Punkt ist $c(H_3O^+)$ genauso groß wie $c(OH^-)$.

Am Neutralpunkt finden sich bezüglich der Konzentrationen $c(H_3O^+)$ und $c(OH^-)$ auch in Lösungen Verhältnisse, die wie beim reinen Wasser handzuhaben sind:

$$c(H_3O^+) = c(OH^-) = 0{,}0000001 \text{ mol/l} = 10^{-7} \text{ mol/l}$$

Im reinen Wasser gibt es also Oxonium- und Hydroxidionen, wenn auch in äußerst geringer Konzentration (sie ist so klein, daß reines Wasser den elektrischen Strom nur unmerklich zu leiten vermag). Die Ursache für das Vorhandensein der Ionen ist im Vorgang der sogenannten *Autoprotolyse des Wassers* zu suchen:

$$H_2O + H_2O \rightarrow H_3O^+ + OH^-$$

Dieser Protonenübergang passiert, gemessen an der Gesamtzahl, allerdings nur bei sehr wenigen Wassermolekülen und so ist die Konzentration der Ionen entsprechend klein.

Ist $c(H_3O^+)$ größer als im reinen Wasser, so reagiert die Lösung sauer.
Ist $c(OH)^-$ größer als im reinen Wasser, so ist die Lösungsqualität alkalisch.

Die Verhältnisse, wie sie im Wasser anzutreffen sind, wurden gewählt, da bei Brönsted-Säuren und -Basen Wasser als Lösungsmittel dient.

36.7 Der pH-Wert

Die Konzentration der Oxoniumionen $c(H_3O^+)$ wird in Form einer mathematischen Potenz mit der Basis 10 angegeben, da man bei zunehmender Anzahl von Dezimalstellen leicht den Überblick verliert:

$c(H_3O^+) = 0{,}1 \text{ mol/l} = 10^{-1} \text{ mol/l}$
$c(H_3O^+) = 0{,}01 \text{ mol/l} = 10^{-2} \text{ mol/l}$
$c(H_3O^+) = 0{,}001 \text{ mol/l} = 10^{-3} \text{ mol/l}$ usw.

Es hat sich in der chemischen Praxis eingebürgert, daß man mit dem

negativen Wert des Exponenten

arbeitet. Diese Zahl ist nichts anderes als der zugehörige negative dekadische Logarithmus der Oxoniumionenkonzentration und wird als *pH-Wert* bezeichnet.

Es gilt also folgender Zusammenhang:

$$pH = -\lg(c(H_3O^+))$$

Tab. 36.2: Oxoniumionenkonzentration, pH-Wert und Qualität einer Lösung

$c(H_3O^+)$ als Dezimalbruch (mol/l)	$c(H_3O^+)$ als Potenz zur Basis 10 (mol/l)	pH-Wert	Qualität der Lösung	Beispiele aus dem Alltag
0,1	10^{-1}	1	sauer	
0,0001	10^{-4}	4	sauer	Sauerkraut, Cola
0,00001	10^{-5}	5	sauer	Mineralwasser
0,000001	10^{-6}	6	sauer	Speichel, Milch
0,0000001	10^{-7}	7	**neutral**	destilliertes Wasser, Blut
0,00000001	10^{-8}	8	basisch	Darmsaft, Meerwasser
0,00000000000001	10^{-14}	14	basisch	

Bei einem pH-Wert von 12 übersteigt die Zahl der OH^--Ionen die der H_3O^+-Ionen um das 10 000 000 000fache!

36.8 Zusammenhänge zwischen der Oxoniumionenkonzentration $c(H_3O^+)$ und der Hydroxidionenkonzentration $c(OH^-)$

Im *reinen Wasser* und, mit hinreichender Genauigkeit, auch in *neutralen wäßrigen Lösungen* gilt:

$$c(H_3O^+) = c(OH^-) = 10^{-7}\ \text{mol/l} \rightarrow \text{pH} = 7$$

Durch Überlegungen, die an dieser Stelle nicht näher ausgeführt werden sollen (vgl. Massenwirkungsgesetz und Gleichgewichtskonstanten) kann ein *direkter Zusammenhang zwischen $c(H_3O^+)$ und $c(OH^-)$- auch bei Lösungen, die von 7 abweichende pH-Werte aufweisen,* festgestellt werden:

Eine Zunahme von $c(H_3O^+)$ bedingt automatisch eine Abnahme von $c(OH^-)$ und umgekehrt, da sich die *negativen Werte der Exponenten beider Konzentrationen* (pH-Wert und der für $c(OH^-)$ in gleicher Weise definierte pOH-Wert) *immer auf den Wert 14 addieren*!

$$\text{pH} = -\lg c(H_3O^+) \quad \text{und} \quad \text{pOH} = -\lg c(OH^-)$$

$$\text{pH} + \text{pOH} = 14$$

Tab. 36.3: Zusammenhänge zwischen pH-Wert und pOH-Wert

pH-Wert	pOH-Wert	Qualität
2	12	sauer
7	7	neutral
9	5	basisch, alkalisch

In Lösungen mit pH<0 oder pH>14 sind die Wechselwirkungen zwischen den Ionen so stark, daß die Summenbildung pH + pOH = 14 nicht mehr stimmt!

36.9 Indikatoren

Um in der chemischen Praxis auf einfache Art nachweisen zu können, welche Qualität (sauer, neutral, alkalisch) eine Lösung besitzt, bedient man sich einer Reihe von Stoffen, deren Zugabe den Lösungen, je nach vorherrschender Ionenart H_3O^+ bzw. OH^-, eine charakteristische Farbe verleiht.

Derartige Farbstoffe heißen *Säure-Base-Indikatoren*:

- Sie *wechseln* innerhalb eines für den jeweiligen Farbstoff charakteristischen pH-Bereiches *die Farbe*. Diesen Bereich nennt man *Umschlagsbereich*.
- Sie ermöglichen eine *annähernde Ermittlung des pH-Wertes*.
- Sie sind in der Regel selbst Stoffe, die Säure-Base-Reaktionen eingehen und sich aufgrund ihrer besonderen molekularen Struktur der $c(H_3O^+)$ bzw. $c(OH^-)$ ihrer jeweiligen chemischen Umgebung *farblich* anpassen.

Früher war man bei der pH-Bestimmung weitgehend auf diese Farbstoffe angewiesen, wobei sich mittels der klassischen Indikatoren der pH-Wert lediglich auf einen Bereich von zwei pH-Einheiten einengen läßt.

Die heute gebräuchlichen *Universalindikatoren* sind ein Gemisch aus mehreren Farbstoffen mit unterschiedlichen Umschlagsbereichen, so daß die einzelnen pH-Werte durch farbliche Übergänge veranschaulicht werden. Dies ermöglicht eine hinreichend genaue Bestimmung des pH-Wertes, wenn keine exakte quantitative Analyse vorgenommen werden soll.

Tab. 36.4: Indikatoren und ihr Umschlagsbereich

Indikator	**Umschlagsbereich (pH)**	**Farbänderung von sauer nach basisch**
Lackmus	5,0–8,0	rot – blauviolett
Bromthymolblau	6,0–7,5	gelb – blau
Phenolphthalein	8,4–10,0	farblos – purpur
Universalindikator	fließend	rot – gelb – grün – blau

36.10 Die Neutralisationsreaktion

36.10.1 Die Bedeutung der H_3O^+- und OH^--Ionen

Vereinigt man Portionen von Lösungen, die sauer reagieren, kurz als *Säuren* bezeichnet, mit solchen, die *alkalische Eigenschaften* besitzen, im chemischen Gebrauch *Laugen* genannt, so kann man unter bestimmten Voraussetzungen zu einer *neutralen Lösung* gelangen:

Die *Stoffmengen* der H_3O^+-Ionen $n(H_3O^+)$ aus der Säure und der (OH^-)-Ionen $n(OH^-)$ aus der Lauge *müssen übereinstimmen*, da dann identische Zahlen beider Ionenarten aufeinandertreffen und sich zu Wasser (pH = 7) vereinigen.

Die Ionen aus den Lösungen *neutralisieren* sich also gegenseitig bezüglich ihrer Auswirkungen auf pH-Wert und Ladung. Infolgedessen wird die Reaktion als *Neutralisation* bezeichnet:

$$H_3O^+ + OH^- \rightarrow H_2O + H_2O$$

Treffen gleiche Stoffmengen (= *äquimolare Mengen*) von *H_3O^+-Ionen und OH^--Ionen* zusammen, so reagieren sie in einer Neutralisationsreaktion zu (neutralem) Wasser.

Wichtige Merkmale:

- Die *Neutralisationsreaktion* ist ebenfalls eine *Säure-Base-Reaktion*, da ein Protonenübergang von den H_3O^+-Ionen auf die OH^--Ionen stattfindet.
- Sie setzt Energie frei, ist also *exotherm*.
- Sie wird in der chemischen Praxis eingesetzt, um mittels Säuren bzw. Laugen bekannter Konzentration, die unbekannte Konzentration anderer Laugen bzw. Säuren zu ermitteln. Der Vorgang ist ein *maßanalytisches Verfahren* und wird als *Säure-Base-Titration* (siehe Kap. 36.11) bezeichnet.

Die Ausführungen in diesem Buch beschränken sich auf Reaktionen starker Säuren mit starken Basen.

36.10.2 Salzbildung durch Neutralisation

Neben den H_3O^+-Ionen und den OH^--Ionen in den Säuren und Laugen, die zu Neutralisationszwecken vereinigt werden, bedürfen die dort zusätzlich vorhandenen Ionen der genaueren Betrachtung.

Diese Ionen entstammen entweder einer in der ursprünglichen Lösung vorangegangenen Säure-Base-Reaktion, z. B.

$HCl(g) + H_2O(l) \rightarrow Cl^-(aq) + H_3O^+(aq)$

Chlorwasserstoff — Chloridion

oder resultieren aus dem Lösen eines Stoffes in Wasser, z. B.

$NaOH(s) \rightarrow Na^+(aq) + OH^-(aq)$

Natriumhydroxid

An diesem Beispiel wird deutlich, daß ein einfaches Auflösen eines Salzes eine Erhöhung von $c(OH^-)$ bedingen kann und damit eine alkalische Eigenschaft der Lösung hervorruft!

An einer Neutralisationsreaktion sind also mindestens vier Ionensorten als Edukte beteiligt:

- Oxoniumionen — H_3O^+-Ionen
- Hydroxidionen — OH^--Ionen
- Kation — (Metallion, mehratomiges Kation)
- Anion — (Nichtmetallion, mehratomiges Anion)

Die Gesamtgleichung für die Neutralisation von HCl (= *Salzsäure*) mit NaOH (= *Natronlauge*) lautet demgemäß:

$Na^+(aq) + OH^-(aq) + Cl^-(aq) + H_3O^+(aq) \rightarrow Na^+(aq) + Cl^-(aq) + 2\ H_2O$

Folglich ist durch Neutralisation eine Lösung des Salzes Natriumchlorid in Wasser entstanden:

Säure + Lauge → Salz + Wasser

36.11 Die Säure-Base-Titration

Die meisten praxisrelevanten Fragestellungen zu Säure-Base-Reaktionen behandeln Titrationen. Dieses *maßanalytische Verfahren* nutzt die Neutralisationvorgänge (Kap. 36.10), um unbekannte Stoffmengen $n(H_3O^+)$ oder $n(OH^-)$ bzw. Stoffmengenkonzentrationen $c(H_3O^+)$ oder $c(OH^-)$ in sauren oder alkalischen Lösungen zu ermitteln. Dies erfolgt durch Zugabe bekannter Stoffmengen des jeweils neutralisierenden „Gegenions".

Da in einer *neutralen Lösung* der folgende Zusammenhang gilt

$n(H_3O^+) = n(OH^-)$,

kann also die zum Erreichen des Neutralpunktes (= *Äquivalenzpunkt*) in der „unbekannten" sauren oder alkalischen Lösung erforderliche Stoffmenge $n(OH^-)$ bzw. $n(H_3O^+)$ durch eine dosierte, tropfenweise Zugabe einer „bekannten" Lösung exakt bestimmt werden. Die ermittelte Stoffmenge entspricht der unbekannten Stoffmenge.

In den Lösungen, die zu Neutralisationszwecken vereinigt werden, muß allerdings stets der Bezug zum Volumen der Lösung gewahrt bleiben – aus diesen Gründen werden stets *Stoffmengenkonzentrationen c(X)* (Kap. 34) für die Lösungen angegeben.

Veranschaulicht wird das *Erreichen des Äquivalenzpunktes* bei einer Titration entweder durch einen geeigneten *Indikator*, der dann die Farbe wechselt oder durch das Feststellen eines *Leitfähigkeitsminimums*, da am Äquivalenzpunkt auch die Ionengesamtkonzentration in der Lösung ein Minimum durchläuft. Im zweiten Fall spricht man von einer *Leitfähigkeitstitration*.

Die praxisrelevanten Einzelheiten der Durchführung einer Titration im Labor entnehmen Sie bei Bedarf am besten einem Schulbuch der gymnasialen Mittelstufe!

36.12 Die Berechnungen zur Säure-Base-Titration

36.12.1 Grundlegende Betrachtungen

Für die Bearbeitung von stöchiometrischen Aufgaben, denen Säure-Base-Reaktionen zugrunde liegen, gibt es einige entscheidende Grundüberlegungen (vergleiche auch Kap. 22.1):

1. Die *gebräuchlichen Größen* für die Berechnungen sind:
   Masse m **Volumen V**
   Stoffmenge n **molare Masse M** (siehe Kap. 20)
   Stoffmengenkonzentration c (siehe Kap. 34)
2. Beachten Sie den Informationsgehalt von Stoffmengenkonzentrationsangaben:

   Eine Natronlauge NaOH oder eine Salzsäure HCl der Stoffmengenkonzentration
   c(X) = 0,1 mol/l c(X) für c(NaOH) bzw. c(HCl),
   enthalten pro Liter sowohl 0,1 mol Na^+-(bzw. H_3O^+)-Ionen als auch OH^--(bzw. Cl^--Ionen).

   Bei einer Lösung von Calciumhydroxid $Ca(OH)_2$ dagegen verhalten sich die Ionensorten in der Lösung zahlenmäßig wie 1:2!

   $Ca(OH)_2 \rightarrow Ca^{2+}(aq) + 2\ OH^-(aq)$
   Der *Liter* einer Lösung der Stoffmengenkonzentration
   $c(Ca(OH)_2) = 0{,}1$ mol/l
   enthält *0,1 mol Calciumionen* Ca^{2+} und
   0,2 mol Hydroxidionen OH^-!
3. Bei Berechnungen zur Säure-Base-Titration formulieren Sie zuerst eine Reaktionsgleichung nach dem Vorbild der Neutralisationsreaktion:
   Säure + Lauge → Salz + Wasser
   Aus dieser können Sie das Stoffmengenverhältnis Säure : Lauge entnehmen, das sich aus den Koeffizienten automatisch ergibt (vgl. Kap. 22.1) und das Ihnen hilft die Mengen von Säure und Lauge in Bezug zu setzen.

Beispiele:

- $HCl + NaOH \rightarrow NaCl + H_2O$
  1 : 1 : 1 : 1
  Stoffmengenverhältnis Säure : Lauge = 1 : 1
  1mol NaOH reagiert mit 1 mol HCl, dabei neutralisieren sich 1 mol Protonen und 1mol OH^--Ionen.
- $H_2SO_4 + Ca(OH)_2 \rightarrow CaSO_4 + 2\,H_2O$
  1 : 1 : 1 : 2
  Stoffmengenverhältnis Säure : Lauge = 1 : 1
  Bei der Reaktion von 1 mol $Ca(OH)_2$ mit 1 mol H_2SO_4 neutralisieren sich 2 mol Protonen und 2 mol OH^--Ionen
- $H_2SO_4 + 2\,NaOH \rightarrow Na_2SO_4 + 2\,H_2O$
  1 : 2 : 1 : 2
  Stoffmengenverhältnis Säure : Lauge = 1 : 2
  Bei dieser Reaktion ist das Stoffmengenverhältnis Säure : Lauge 1 : 2, d.h. zur Neutralisation von 1 mol H_2SO_4 benötigt man 2 mol NaOH. Gleichzeitig neutralisieren sich 2 mol Protonen und 2 mol OH^--Ionen.

Diese vereinfachten Neutralisationsgleichungen berücksichtigen nicht die genauen Ionengegebenheiten in den Lösungen, bevor sie bei der Titration zusammengegeben werden (siehe Kap. 36.10), geben jedoch wertvolle Hinweise zur mengenmäßigen Berechnung.

36.12.2 Aufgaben

1. Herstellung einer Lösung mit vorgegebener Stoffmengenkonzentration c(X):
   Aus NaOH(s) und Wasser soll eine 0,75 molare Lösung hergestellt werden, d.h. c(NaOH) = 0,75 mol/l.
   Wie ist vorzugehen? (siehe auch Kap. 34)
2. Titration von Natronlauge unbekannter Konzentration mit Salzsäure bekannter Konzentration:
   Zu 125 ml der Natronlauge wird tropfenweise Salzsäure der Stoffmengenkonzentration c(HCl) = 0,1 mol/l gegeben. Am Umschlagpunkt des Indikators wird ein Verbrauch von 98 ml der Säure festgestellt.
   - Formulieren Sie die zugrundeliegende Reaktionsgleichung.
   - Berechnen Sie die Stoffmengenkonzentration c(NaOH) der Natronlauge.
   - Ermitteln sie m(NaOH) in der Analysenlösung (125 ml).
3. Titration einer wäßrigen Calciumhydroxidlösung mit Schwefelsäure, d.h. $c(Ca(OH)_2)$ ist unbekannt, $c(H_2SO_4)$ bekannt:
   Bei der Titration von 50 ml der Calciumhydroxidlösung werden 35 ml Schwefelsäure der Stoffmengenkonzentration $c(H_2SO_4)$ = 0,4 mol/l verbraucht.
   Berechnen Sie die Masse des in der Analysenlösung gelösten Calciumhydroxids und $c(Ca(OH)_2)$.
4. „Rücktitration" eines Überschusses bis zum Neutralpunkt:
   Zu 100 ml einer Salzsäure ist versehentlich 1 g Natriumhydroxid gegeben worden. Jetzt reagiert die Lösung alkalisch. Die überschüssige Natronlauge wird

durch 5 ml Schwefelsäure der Stoffmengenkonzentration $c(H_2SO_4) = 0{,}2$ mol/l neutralisiert.
Berechnen Sie die Stoffmenge n(NaOH) des überschüssigen Natriumhydroxids und die Stoffmengenkonzentration c(HCl) der vorgelegten Salzsäure!

Die zu den Aufgaben 2 – 4 gehörenden Neutralisationsgleichungen können Sie Kap. 36.12.1 entnehmen!

36.12.3 Lösungen

1. Bekannt:
   M(NaOH) = 40 g/mol
   n(NaOH) = 0,75 mol
   Gesucht:
   m(NaOH) = ?

   Formel:
   m (NaOH) = n(NaOH) · M(NaOH)

   Berechnung von m(NaOH):

   $$m(NaOH) = 0{,}75\ \text{mol} \cdot 40\ \text{g/mol} = \underline{\underline{30\ \text{g}}}$$

Vorgehensweise:
Man wiegt 30 g NaOH (s) ab, gibt die Stoffportion in ein Einliter-Eichgefäß, füllt genau bis zur Eichmarke auf und löst den Feststoff durch Umschütteln.

2. Bekannt:
   V(NaOH) = 0,125 l
   M(NaOH) = 40 g/mol
   c(HCl) = 0,1 mol/l
   V(HCl) = 0,098 l
   Gesucht:
   c(NaOH) = ?
   m(NaOH) = ?

   Formeln:

   $$m = n \cdot M$$

   $$c = \frac{n}{V}$$

   Neutralisation:
   $HCl + NaOH \rightarrow NaCl + H_2O$
   Säure : Lauge = 1 : 1
   Berechnung von n(HCl):
   n(HCl) = c(HCl) · V(HCl) = 0,75 mol/l · 0,098 l = 0,0735 mol

   Aufgrund des Stoffmengenverhältnisses gilt
   n(HCl) = n(NaOH) = 0,0735 mol
   Berechnung von c(NaOH):

   $$c(NaOH) = \frac{n\,(NaOH)}{V\,(NaOH)} = \frac{0{,}0735\ \text{mol}}{0{,}125\ \text{l}} = 0{,}588\ \text{mol/l} \approx \underline{\underline{0{,}6\ \text{mol/l}}}$$

   Berechnung von m(NaOH):
   m(NaOH) = n(NaOH) · M(NaOH)

   $$= 0{,}0735\ \text{mol} \cdot 40\ \text{g/mol} = \underline{\underline{2{,}94\ \text{g}}}$$

Die Stoffmengenkonzentration der vorgelegten Natronlauge beträgt 0,6 mol/l, in 125 ml dieser Lösung sind 2,94 g NaOH enthalten.

3.

Bekannt:
$V(Ca(OH)_2) = 0{,}05\ l$
$M(Ca(OH)_2) = 74\ g/mol$

$V(H_2SO_4) = 0{,}035\ l$
$c(H_2SO_4) = 0{,}4\ mol/l$

Formeln:
$c = \frac{n}{V}$
$m = n \cdot M$

Gesucht:
$m(Ca(OH)_2) = ?$
$c(Ca(OH)_2) = ?$

Neutralisation:
$H_2SO_4 + Ca(OH)_2 \rightarrow CaSO_4 + 2\ H_2O$
Säure : Lauge = 1 : 1
Berechnung von $n(H_2SO_4)$:
$n(H_2SO_4) = c(H_2SO_4) \cdot V(H_2SO_4) = 0{,}4\ mol/l \cdot 0{,}035\ l = 0{,}014\ mol$
Aufgrund des Stoffmengenverhältnisses gilt:
$n(H_2SO_4) = n(Ca(OH)_2) = 0{,}014\ mol$
Berechnung von $m(Ca(OH)_2)$:
$m(Ca(OH)_2) = n(Ca(OH)_2) \cdot M(Ca(OH)_2)$
$0{,}014\ mol \cdot 74\ g/mol = \underline{\underline{1{,}036\ g}}$
Berechnung von $c(Ca(OH)_2)$:

$$c(Ca(OH)_2) = \frac{n(Ca(OH)_2)}{V(Ca(OH)_2)} = \frac{0{,}014\ mol}{0{,}05\ l} = \underline{\underline{0{,}28\ mol/l}}$$

Die vorgelegte Analysenlösung enthält 1,036 g $Ca(OH)_2$ und besitzt eine Stoffmengenkonzentration $c(Ca(OH)_2) = 0{,}28\ mol/l$.

4.

Bei einer sogenannten Rücktitration ist die vorgelegte Säure bzw. Lauge über den Neutralpunkt hinaus mit einer *bekannten* Menge des neutralisierenden Reagens versetzt worden. Der Grund dafür liegt darin, daß es mitunter praktischer ist, den nicht umgesetzten Überschuß zu titrieren und anschließend auf den vorgelegten Stoff zurückzurechnen oder aber der Neutralpunkt wurde tatsächlich unbeabsichtigt überschritten.
In einem solchen Fall sind am Gesamtvorgang zwei Reaktionen beteiligt, zum einen eine erste Säure-Base-Reaktion, gefolgt vom eigentlichen Neutralisationsgeschehen:

I. $HCl + NaOH \rightarrow NaCl + H_2O$
II. $H_2SO_4 + 2\ NaOH \rightarrow Na_2SO_4 + 2\ H_2O$
Säure : Lauge = 1 : 2

Bekannt:
$V(HCl) = 0{,}1\ l$
$m(NaOH) = 1\ g$
$M(NaOH) = 40\ g/mol$
$V(H_2SO_4) = 0{,}005\ l$
$c(H_2SO_4) = 0{,}2\ mol/l$

Gesucht:
$n(NaOH)_{Überschuß}$ = ?, d.h. welche Stoffmenge NaOH ist über den Neutralpunkt hinaus zugegeben worden?
$c(HCl) = ?$

Formeln:

$$c = \frac{n}{V}$$

$$n = \frac{m}{M}$$

Um auf die Stoffmenge $n(NaOH)_{Überschuß}$ schließen zu können, erfolgt als erster Schritt die
Berechnung von $n(H_2SO_4)$:
$n(H_2SO_4) = c(H_2SO_4) \cdot V(H_2SO_4) = 0{,}2\ mol/l \cdot 0{,}005\ l = 0{,}001\ mol$
Das Stoffmengenverhältnis beträgt
$n(NaOH)_{Überschuß} : n\ (H_2SO_4) = 2 : 1$
Berechnung von $n(NaOH)_{Überschuß}$:
$n(NaOH)_{Überschuß} = 2 \cdot n(H_2SO_4)$
$n(NaOH)_{Überschuß} = 2 \cdot 0{,}001\ mol = \underline{\underline{0{,}002\ mol}}$

0,002 mol überschüssiges NaOH waren vor der Titration in der Lösung vorhanden, wurden also durch die vorgelegte Salzsäure nicht neutralisiert.

Die Differenz zwischen der gesamten Stoffmenge $n(NaOH)_{gesamt}$ und der überschüssigen Stoffmenge $n(NaOH)_{Überschuß}$ ergibt die Stoffmenge $n(NaOH)_{neutralisierend}$. Diese entspricht aufgrund des Stoffmengenverhältnisses Säure : Lauge = 1:1 der Stoffmenge n(HCl).

$n(HCl) = n(NaOH)_{neutralisierend} = n(NaOH)_{gesamt} - n(NaOH)_{Überschuß}$

Berechnung von $n(NaOH)_{gesamt}$:

$$n(NaOH)_{gesamt} = \frac{m(NaOH)}{M(NaOH)} = \frac{1\ g}{40\ g/mol} = 0{,}025\ mol/l$$

Berechnung von $n(NaOH)_{neutralisierend}$:

$$n(NaOH)_{neutralisierend} = n(NaOH)_{gesamt} - n(NaOH)_{Überschuß} = 0{,}025\ mol - 0{,}002\ mol = 0{,}023\ mol$$

Berechnung von c(HCl):
$n(HCl) = n(NaOH)_{neutralisierend} = 0{,}023\ mol$

$$c(HCl) = \frac{n(HCl)}{V(HCl)} = \frac{0{,}023\ mol}{0{,}1\ l} = \underline{\underline{0{,}23\ mol/l}}$$

Die Stoffmengenkonzentration c(HCl) der vorgelegten Salzsäure betrug 0,23 mol/l.

37 Elektronenübergänge

Im Kap. 25.4 (Ausblick auf die Vorgänge in den Elektronenhüllen während chemischer Reaktionen) wurde besprochen, daß die Tendenzen zur Elektronenabgabe bzw. -aufnahme bei bestimmten Elementen mit dem Bestreben der Atome, die Edelgaskonfiguration zu erreichen, zu begründen sind.

Durch die folgenden Ausführungen soll ersichtlich werden, daß eine Ausweitung dieser Betrachtungen und die daraus resultierenden Erkenntnisse zu einem weiteren und sehr wichtigen Reaktionsprinzip der Chemie führen.

Der Vorgang, daß Elektronen in einer chemischen Reaktion von den einen Atomen quasi abgegeben und von anderen aufgenommen werden, ist, neben den Protonenübergängen, ein zweiter, wichtiger Reaktionstyp in der Chemie.

Die Reaktionen, die von *Elektronenübergängen* gekennzeichnet sind, heißen *Redoxreaktionen.*
Der Ausdruck *Redox*reaktion ist eine Verschmelzung aus den Begriffen *Reduktion und Oxidation.*

37.1 Die Bedeutungsentwicklung der Begriffe Oxidation und Reduktion

Ursprünglich verstand man unter einer *Oxidation* die Reaktion eines Stoffes mit Sauerstoff, z.B. die Vereinigung von Magnesium mit Sauerstoff zu Magnesiumoxid:

$$2\ Mg + O_2 \rightarrow 2\ MgO$$

Eine *Reduktion* war ein chemischer Vorgang, bei dem einer Metallverbindung Sauerstoff entzogen werden konnte.

Oxidation leitet sich begrifflich von Oxygenium (= Sauerstoff in der alten Bezeichnung) ab, Reduktion ist auf das lateinische „reducere“ (= zurückführen) bezogen.

In der modernen Chemie werden die beiden Begriffe in einer Art und Weise angewandt, die die *Bereitschaft der an einer Reaktion beteiligten Atome (oder Ionen) zur Elektronenabgabe bzw. -aufnahme* berücksichtigt.

Diese Tendenzen hängen bei den Atomen (oder auch den Ionen) von zwei Hauptfaktoren ab:

- Elektronegativität EN (siehe Kap. 29)
- Reaktionspartner (vor allem dessen EN)

Dabei spricht man von *Oxidation,*
wenn von einem Atom oder Ion während einer chemischen Reaktion *Elektronen abgegeben* werden
und von *Reduktion,*
wenn von einem Atom oder Ion *Elektronen aufgenommen* werden.

Beispiel:

Oxidation:

$$2\,Cl^- \rightarrow Cl_2 + 2\,e^-$$

Die beiden Chloridionen geben je ein e^- ab (wobei die e^- unmittelbar von anderen Teilchen aufgenommen werden) und gehen vom Ionenzustand in den elementaren Zustand (zweiatomige Moleküle!) über.

Reduktion:

$$Na^+ + e^- \rightarrow Na$$

Ein Natriumion nimmt ein e^- auf und geht in den atomaren, elementaren Zustand über.

Sollen beide betrachteten Vorgänge *stöchiometrisch gekoppelt* werden, so ist es außerordentlich wichtig, daß die *Anzahl der abgegebenen und aufgenommenen e^- übereinstimmt*!

Im betrachteten Fall ist dazu die Reduktionsgleichung mit dem Faktor „zwei" zu multiplizieren!

37.2 Einige typische Redoxreaktionen

1. Magnesium reagiert mit Brom,
   d.h. ein Magnesiumstück wird in Bromdampf verbrannt:

   $$Mg(s) + Br_2(g) \rightarrow \underset{\text{Magnesiumbromid}}{MgBr_2(s)}$$

2. Eisen(II)-Ionen reagieren mit Chlor,
   d.h. in eine Lösung von Eisen(II)-sulfat $FeSO_4$ wird Chlorgas eingeleitet:

   $$2\,Fe^{2+}(aq) + Cl_2(g) \rightarrow 2\,Fe^{3+}(aq) + 2\,Cl^-(aq)$$

   Hier handelt es sich um eine Schreibweise, die die Ionen wegläßt, die nicht am Redoxvorgang beteiligt sind.
3. Chloridionen reagieren mit Permanganationen,
   d.h. Kaliumpermanganat wird mit Salzsäure zur Reaktion gebracht:

   $$10\,Cl^- + 2\,MnO_4^- + 16\,H_3O^+ \rightarrow 5\,Cl_2 \uparrow + 2\,Mn^{2+} + 24\,H_2O$$

   Da sehr viele Redoxvorgänge in wäßriger Lösung stattfinden, wird der (in Klammern befindliche) Hinweis auf die Hydratisierung der Ionen in den meisten Redoxgleichungen eingespart. In der Regel entfällt auch die Bezeichnung des Aggregatzustandes.
   Ebenfalls weggelassen werden hier die Ionen, die nicht an der Redoxreaktion beteiligt sind.
   Der nach oben weisende Pfeil $\uparrow$ bedeutet, daß Chlorgas entweicht.
4. Ethanal reagiert mit Silberionen (vgl. Kap. 38.17.3),
   d.h. Ethanal wird mit Silbernitrat $AgNO_3$ zur Reaktion gebracht:

   $$C_2H_4O + 2\,Ag^+ + 2\,OH^- \rightarrow C_2H_4O_2 + 2\,Ag + H_2O$$

   Acetaldehyd = Ethanal; Essigsäure = Ethansäure

Das Auftreten von Oxoniumionen bzw. Hydroxidionen in Redoxgleichungen weist auf eine *pH-Wert-Abhängigkeit des Redoxvorganges* hin!

37.3 Formaler Umgang mit Redoxvorgängen

37.3.1 Grundsätzliches

Da sehr viele chemische Vorgänge Redoxreaktionen sind, ist es von enormer Wichtigkeit den formalen Umgang mit den entsprechenden *Redoxgleichungen* zu beherrschen. Erfahrungsgemäß hat der Lernende hier mit großen Einstiegsproblemen zu kämpfen; dabei sind gerade hier die formalen Regeln so klar umrissen, daß derjenige, der sie beherrscht, kaum mehr fehlgehen kann.

- **Reduktion = Elektronenaufnahme**
  Ein Teilchen wird reduziert, indem es e^- aufnimmt.
- **Oxidation = Elektronenabgabe**
  Ein Teilchen wird oxidiert, indem es e^- abgibt.
- **Reduktions- und Oxidationsvorgang sind grundsätzlich gekoppelt**, da isolierte Elektronen im „chemischen Hausgebrauch" nicht vorkommen.
- Die Zahl der e^-, die der Oxidationsvorgang liefert, entspricht genau der e^--Anzahl, die im Reduktionsvorgang verbraucht werden:

  Zahl der abgegebenen e^- = Zahl der aufgenommenen e^-

- Problembegriffe Reduktionsmittel – Oxidationsmittel
  Ein *Reduktionsmittel* ist ein Teilchen, das einem anderen Teilchen in einer Redoxreaktion e^- vermittelt: Das andere Teilchen *bekommt e^- vom Reduktionsmittel* – das andere Teilchen *wird also reduziert, das Reduktionsmittel wird oxidiert!*
  Ein *Oxidationsmittel* ist ein Teilchen, das einem anderen Teilchen e^- in einer Redoxreaktion abnimmt: Das andere Teilchen *gibt e^- an das Oxidationsmittel ab* – das andere Teilchen *wird also oxidiert, das Oxidationsmittel wird reduziert!*

37.3.2 Oxidationszahlen

Für den Anfänger ist es in der Regel bei der Betrachtung von Redoxvorgängen nicht möglich, die *Richtung des Elektronenflusses* (siehe Kap. 37.3.5 und 37.3.6) anhand der Reaktionsgleichung auszumachen.

Zum Zweck der Aufhellung bedient man sich der sogenannten *Oxidationszahlen*, die (formal betrachtet) die „Elektronensituation" der Einzelatome innerhalb eines Teilchens (Atom, Molekül, Ion, mehratomiges Ion) beschreiben.

Die Oxidationszahlen basieren auf den bereits bekannten Wertigkeiten (siehe Kap. 24.2) und werden unter Zuhilfenahme ähnlicher Regeln ermittelt.

Sie werden durch *römische Ziffern* ausgedrückt.

- Für *Einzelatome* und *-ionen* gelten die nachstehenden, einfachen Regeln zur Ermittlung von Oxidationszahlen:

1. *Elemente* erhalten stets die *Oxidationszahl Null.*

   (auch H_2, N_2, O_2 und die Halogene)

2. Bei *Ionen* ist die *Oxidationszahl gleich der Ionenwertigkeit.*

   (z.B. hat Na^+ hat die OxZ +I, S^{2-} die OxZ -II)

3. *Metallionen* haben stets *positive Oxidationszahlen.*

K^+	OxZ	+I
Fe^{2+}	OxZ	+II
Cr^{3+}	OxZ	+III

- Für jedes zu einem *mehratomigen Teilchen* (Molekül, mehratomiges Ion) gehörenden Atom wird eine eigene Oxidationszahl ermittelt:
  Dazu stellt man sich vor, ein Teilchen bestünde aus Ionen. Man erhält diese „Ionen", indem man die Elektronenpaare der Atombindungen dem jeweils elektronegativeren Atom zuordnet.

Diese Hilfsvorstellung dient der Veranschaulichung; in der Praxis bedient man sich der nachstehenden Regeln zur Erstellung von Oxidationszahlen.

Beispiel:
Oxidationszahlen
der Schwefelsäure

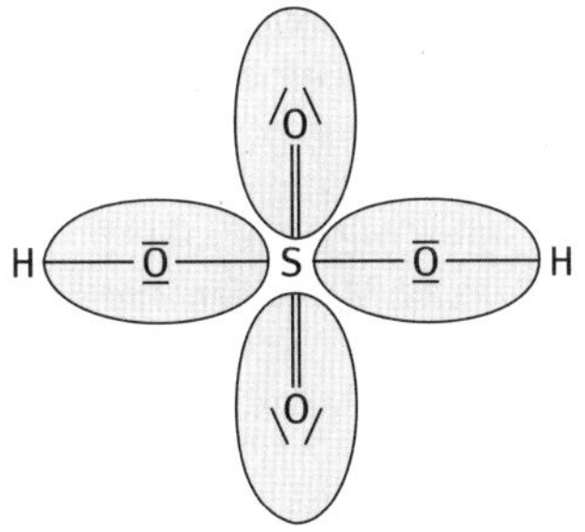

Oxidationszahlen:
Sauerstoff **– II**
Schwefel **+ VI**
Wasserstoff **+ I**

Die Sauerstoffatome besitzen von allen beteiligten Atomen die höchste EN (siehe Kap. 29.1). Aus diesem Grund werden die Bindungselektronen aller Atombindungen (zwei Doppelbindungen, vier Einfachbindungen) formal den Sauerstoffatomen zugeordnet (siehe Ellipsen).
Damit hat jedes Sauerstoffatom, über seine sechs Valenzelektronen hinaus, zwei zusätzliche Bindungselektronen „gewonnen", ist damit als formales Ion zweifach negativ geladen und bekommt in der Folge die Oxidationszahl –II.
Das Schwefelatom ist formal aller sechs Valenzelektronen beraubt und erhält somit die Oxidationszahl +VI.
Den Wasserstoffatomen wird ebenfalls ihr Elektron formal aberkannt, da sie eine geringere EN als Sauerstoff besitzen und erhalten dementsprechend die Oxidationszahl +I.

Regeln:

4. *Wasserstoff* hat stets die Oxidationszahl **+I**,
   Sauerstoff hat stets die Oxidationszahl **−II**

(einzige Ausnahme ist H_2O_2 – hier hat Sauerstoff die OXZ −I)

5. In den *Formeln von neutralen Molekülen* ist die *Summe der Oxidationszahlen gleich Null.*

Für H_2SO_4 (Beispiel, s.o.) gilt

für Sauerstoff	4 · −II	−8
für Wasserstoff	2 · +I	+2
für Schwefel	1 · +VI	+6

6. In den *Formeln mehratomiger Ionen* ist die *Summe der Oxidationszahlen gleich der Ionengesamtladung.*

Für MnO_4^- (Permanganation) gilt:
für Sauerstoff 4 · −II −8
Für Mangan 1 · +VII −7, da die Summe der OxZ den Wert −1 (Ionenladung) ergeben muß.

37.3.3 Übungen zur Ermittlung von Oxidationszahlen

Die Regeln zur Erstellung von Oxidationszahlen

1. *Elemente* erhalten stets die *Oxidationszahl Null.*
2. Bei *Ionen* ist die *Oxidationszahl gleich der Ionenwertigkeit.*
3. *Metallionen* haben stets *positive Oxidationszahlen*
4. *Wasserstoff* hat stets die Oxidationszahl *+I*,
   Sauerstoff hat stets die Oxidationszahl *−II*
5. In den *Formeln von neutralen Molekülen* ist die *Summe der Oxidationszahlen gleich Null.*
6. In den *Formeln mehratomiger Ionen* ist die *Summe der Oxidationszahlen gleich der Ionengesamtladung.*

Erarbeiten Sie unter Zuhilfenahme der „Regeln zur Erstellung von Oxidationszahlen“ für die nachstehenden Verbindungen die Oxidationsstufen für die einzelnen Elemente!

a) $HClO_2$ (+I +III −II) 1 + 3 − 2 · 2 = 0
   Chlorige Säure
b) $HClO_4$ I + VII − II
   Perchlorsäure
c) ClO_2 IV − II
   Chlordioxid
d) N_2H_4 (−II +I)
   Hydrazin 3 1 4
e) H_3PO_2 +1 1 −II
   Hypophosphorige Säure
f) H_2S
   Schwefelwasserstoff

+1 · 2 = II −II

g) H_2SO_3
Schweflige Säure

h) SO_2
Schwefeldioxid

i) NO_2
Stickstoffdioxid

j) H_3P
Phosphorwasserstoff

Lösungen:

Beispiel a) +I +III –II
H Cl O_2

Aus den Regeln ist bekannt, daß H die OxZ +I und O die OxZ –II (zwei O-Atome berücksichtigen!) besitzt. Da in neutralen Molekülen die Summe der OxZ gleich Null sein muß, bleibt für das Cl die OxZ +III: **1 + 3 – 4 = 0**

Beispiel b) +I +VII –II
H Cl O_4

Die Berechnung erfolgt genauso wie im Beispiel a), es sind allerdings vier O-Atome zu berücksichtigen: **1 + 7 – 8 = 0**

Die Beispiele zeigen, daß Chlor in ganz unterschiedlichen Oxidationsstufen vorkommen kann (– I bis + VII).

a) +I +III –II
H Cl O_2
Chlorige Säure

b) +I+VII –II
H Cl O_4
Perchlorsäure

c) +IV –II
Cl O_2
Chlordioxid

d) –II +I
N_2 H_4
Hydrazin

e) +I +I –II
H_3 P O_2
Hypophosphorige Säure

f) +I –II
H_2 S
Schwefelwasserstoff

g) +I +IV –II
H_2 S O_3
Schweflige Säure

h) +IV –II
S O_2
Schwefeldioxid

i) +IV –II
N O_2
Stickstoffdioxid

j) +I –III
H_3 P
Phosphorwasserstoff

Verschiedene Oxidationsstufen eines Elementes entsprechen also verschiedenen Wertigkeiten (siehe Kap. 24.2)!

37.3.4 Oxidationszahlen in sauerstoffhaltigen Salzen

In den Formeln von sauerstoffhaltigen Salzen sind mitunter zwei Elemente enthalten, deren Oxidationszahlen aufgrund der Regeln nicht auf Anhieb klarzustellen sind: z.B.

- $KMnO_4$ (Kaliumpermanganat),
- Na_2SO_4 (Natriumsulfat),
- $KCrO_4$ (Kaliumchromat)

Da die Redoxvorgänge in der Praxis meistens in wäßriger Lösung stattfinden, liegen die Salze gelöst (also in Form hydratisierter Ionen, siehe Kap. 32.4) vor:

- $KMnO_4 \rightarrow K^+(aq) + MnO_4^-(aq)$
- $Na_2SO_4 \rightarrow 2\,Na^+(aq) + SO_4^{2-}(aq)$
- $KCrO_4 \rightarrow K^+(aq) + CrO_4^-(aq)$

An der eigentlichen Redoxreaktion nimmt *oft das Anion* teil. Die *OxZ des Anions* können entsprechend der Regeln bestimmt werden:

- $\overset{+VII}{Mn}\,\overset{-II}{O_4^-}$ (Permanganation), 7 − 8 = −1 (Ladung!)
- $\overset{+VI}{S}\,\overset{-II}{O_4^{2-}}$ (Sulfation), 6 − 8 = −2 (Ladung!)
- $\overset{+VII}{Cr}\,\overset{-II}{O_4^-}$ (Chromation) 7 − 8 = −1 (Ladung!)

Die *OxZ der Kationen* entsprechen, gemäß den Regeln, ihrer Ladung. In den Reaktionsgleichungen werden die Kationen weggelassen, wenn sie nicht mitreagieren.

Beachten Sie:
- Bei den Metallen der Hauptgruppenelemente stimmt die OxZ der Kationen (= Ladungszahl) meistens mit der Gruppennummer überein.
- Bei Metallen der Nebengruppenelemente werden variable Oxidationsstufen der Kationen durch römische Ziffern im Namen des Salzes eindeutig bezeichnet:

$$\overset{+II}{Fe}\;\overset{+VI}{S}\;\overset{-II}{O_4} \rightarrow \overset{+II}{Fe^{2+}} + \overset{+VI}{S}\,\overset{-II}{O_4^{2-}}$$

Eisen(II)-sulfat

$$\overset{+III}{Fe_2}\;(\overset{+VI}{S}\;\overset{-II}{O_4})_3 \rightarrow 2\,\overset{+III}{Fe^{3+}} + 3\,\overset{+VI}{S}\,\overset{-II}{O_4^{2-}}$$

Eisen(III)-sulfat

37.3.5 Die Erstellung von Redoxgleichungen

Die Oxidationszahl ermöglicht es, auch komplizierte Redoxvorgänge relativ einfach nachzuvollziehen.

Das Erstellen von Redoxgesamtgleichungen ist ein immer in der gleichen Weise abzuhandelnder Vorgang:
- Zunächst werden *Teilgleichungen* für die Oxidation bzw. für die Reduktion erstellt. Die Teilgleichungen geben Aufschluß über die *Richtung des Elektronenflusses.*
- In einem zweiten Schritt werden die Teilgleichungen zur *Gesamtgleichung* vereinigt, die die stöchiometrischen Verhältnisse wiedergibt. Hier wird vor allem die *Zahl der abgegebenen e^- mit der Zahl der aufgenommenen e^- abgeglichen.*

Wichtig ist lediglich, daß die Regeln, die dazu zur Hilfe genommen werden, genau beachtet und konsequent angewendet werden:

I. Formulierung der Teilvorgänge

1) Notieren des Ausgangs- und Endstoffes
2) Ermittlung der Oxidationszahlen und Zuordnung zu Oxidation bzw. Reduktion
3) Änderung der Oxidationszahl durch Elektronen ausgleichen
4) Ladungs*vergleich*
5) Ladungs*ausgleich* unter Beachtung des sauren oder alkalischen Milieus
6) Stöchiometrische Berichtigung durch H_2O-Moleküle

Die Teilgleichung für den anderen Vorgang gemäß den Regeln 1 – 6 erstellen!

II. Teilvorgänge nach Abgleich der Elektronenzahlen zur Gesamtgleichung summieren

37.3.6 Das „Aufstellen von Redoxgleichungen“ an Beispielen

- Die nachstehend behandelten Redoxvorgänge sind als „Musteraufgaben“ zu verstehen, um sich an die Abfolge der Lösungsschritte zu gewöhnen.
- Der Schwierigkeitsgrad nimmt von Aufgabe 1 nach Aufgabe 3 zu.
- Für den Ladungsausgleich unter Beachtung des sauren oder alkalischen Milieus (Schritt 5 der Regeln unter I.) werden hier H_3O^+- und OH^--Ionen verwendet.

Mancherorts wird jedoch gelehrt, im Sauren H^+- statt H_3O^+-Ionen zum Ausgleich zu verwenden: Die Vorgehensweise bleibt dadurch nahezu identisch. Lediglich im Schritt 6 ändert sich die Anzahl der zum stöchiometrischen Ausgleich benötigten H_2O-Moleküle.

Formulieren Sie für die nachstehenden Aufgaben jeweils *die Teilgleichungen für Oxidation und Reduktion* und entwickeln Sie daraus eine *stöchiometrisch korrekte Gesamtgleichung*! Ordnen Sie außerdem die Begriffe Oxidationsmittel und Reduktionsmittel den richtigen Teilchen zu!

1) Aluminium reagiert mit Chlor zu Aluminiumchlorid $AlCl_3$.
2) Wird Kaliumpermanganat $KMnO_4$ mit konzentrierter Salzsäure versetzt, entweicht elementares Chlor und die MnO_4^--Ionen gehen in Mangan(II)-Ionen Mn^{2+} über.
3) Kaliumdichromat $K_2Cr_2O_7$ reagiert in saurer Lösung mit Wasserstoffperoxid H_2O_2 unter Sauerstoffentwicklung. Die Dichromationen $Cr_2O_7^{2-}$ - werden in Cr^{3+}-Ionen überführt.

Beachten Sie:
Oft enthält die Aufgabenstellung bereits Hinweise auf das Reaktionsmilieu und verweist damit auf den entsprechenden Ausgleich mit H_3O^+- bzw. OH^--Ionen.
Auch gibt der Aufgabentext in aller Regel die jeweiligen Edukte und Produkte des Redoxvorganges an. Nur von fortgeschrittenen Chemielernenden kann ansatzweise erwartet werden, daß sie die Produkte einer Reaktion wissen.

Aufgabe 1)

I. Ermittlung der Teilvorgänge

1. Notieren des Ausgangs- und Endstoffes:

   $Al \rightarrow Al^{3+}$

2. Ermittlung der Oxidationszahlen

   $\overset{0}{Al} \rightarrow \overset{+III}{Al^{3+}}$

3. Änderung der Oxidationszahl durch Elektronen ausgleichen

   $\overset{0}{Al} \rightarrow \overset{+III}{Al^{3+}} + 3\,e^-$ — e^- stehen bei der Oxidation rechts!

   Die *Elektronen* werden vom Aluminiumatom *abgegeben*: Dadurch sind sie quasi Produkte und stehen auf der *rechten* Seite! Der Vorgang ist eine *Oxidation*!

4. Ladungsvergleich

   $\overset{0}{Al} \rightarrow \overset{+III}{Al^{3+}} + 3\,e^-$

   Ladung 0 — Ladung: (+3) + (–3) = 0 → sind gleich!!

5. Ladungsausgleich

   entfällt

6. Berichtigung der Gleichung durch H_2O-Moleküle

   entfällt

Teilgleichung für die *Reduktion*:

1. Notieren des Ausgangs- und Endstoffes:

   $Cl_2 \rightarrow 2\,Cl^-$ — Es entstehen *zwei* Chloridionen!

2. Ermittlung der Oxidationszahlen

   $\overset{0}{Cl_2} \rightarrow 2\,\overset{-I}{Cl^-}$ — e^- werden von Cl-Atomen aufgenommen → Reduktion!

3. Änderung der Oxidationszahl durch Elektronen ausgleichen

   $\overset{0}{Cl_2} + 2\,e^- \rightarrow 2\,\overset{-I}{Cl^-}$ — Für die Ionisierung zweier Cl-Atome sind **2** e^- erforderlich!

4. Ladungsvergleich

   $Cl_2 + 2\,e^- \rightarrow 2\,Cl^-$ — **Ladungen sind ausgeglichen!**

5. + 6. entfällt

II. Teilvorgänge nach Abgleich der Elektronenzahlen zur Gesamtgleichung summieren

$Al \rightarrow Al^{3+} + 3\,e^-$	**Ox**	$\cdot\, 2$
$Cl_2 + 2\,e^- \rightarrow 2\,Cl^-$	**Red**	$\cdot\, 3$

Die e^--Zahl muß bei beiden Gleichungen übereinstimmen:
Zu diesem Zweck bildet man das *kleinste, gemeinsame Vielfache der e^--Zahlen von Oxidation und Reduktion* und multipliziert die gesamten Teilgleichungen mit diesen Faktoren:

Al			→	$2\,Al^{3+}$	+	$6\,e^-$	**Ox**
Cl_2	+	$6\,e^-$	→	$6\,Cl^-$			**Red**
$2\,Al$	+	$3\,Cl_2$	→	$2\,Al^{3+}$	+	$6\,Cl^-$	**Redox**
Reduktions-mittel		Oxidations-mittel		Die Redoxgleichung entsteht durch Summieren von Red + Ox			

Die e^--Zahlen heben sich auf und fallen so aus einer *korrekt erstellten Gesamtgleichung* heraus!

Beachten Sie:
- Sind aufgrund stöchiometrischer Gesetzmäßigkeiten *mehrere gleiche Teilchen* (hier die Chloratome beim Reduktionsvorgang) *vom Wechsel der Oxidationsstufe betroffen*, so ist dies *unbedingt beim Einfügen der e^--Zahl zu berücksichtigen!*
- Ist beim Ladungsvergleich die Zahl auf beiden Seiten der Teilgleichung identisch, so entfallen der Ladungsausgleich und der Ausgleich mit H_2O-Molekülen!
- Entfallen bei der einen Teilgleichung die Schritte 5. und 6., können sie bei der anderen Teilgleichung trotzdem erforderlich sein.
- Die Übereinstimmung der e^--Zahl beim Erstellen der Gesamtgleichung erreicht man, indem man die Faktoren vor den e^--Zahlen aus den Teilgleichungen miteinander multipliziert: Man bildet das kleinste gemeinsame Vielfache.
- Gewöhnen Sie sich an, die, bezüglich der e^--Zahlen angepaßten, Teilgleichungen nochmals aufzuschreiben, da gerade diese oft geschmähte Zusatzarbeit den Überblick sichert. Das ist vor allem bei Ungeübten im Umgang mit komplizierteren Redoxvorgängen von entscheidender Wichtigkeit!

Aufgabe 2)

I. Ermittlung der Teilvorgänge

1. Notieren des Ausgangs- und Endstoffes:

   2 HCl → Cl_2 — Stöchiometrie beachten!

2. Ermittlung der Oxidationszahlen

–I		0			
2 HCl	→	Cl_2			Elektronenabgabe = Oxidation!

3. Änderung der Oxidationszahl durch Elektronen ausgleichen

–I		0			
2 HCl	→	Cl_2	+	$2\,e^-$	e^- stehen bei der Oxidation rechts!

4. Ladungsvergleich

–I		0		
2 HCl	→	Cl_2	+	$2\,e^-$
Ladung 0				Ladung –2

5. Ladungsausgleich erfolgt mit H_3O^+-Ionen, da im Sauren
   $2\,HCl \rightarrow Cl_2 + 2\,e^- + 2\,H_3O^+$
6. Berichtigung der Gleichung durch H_2O-Moleküle

$$2\,HCl + 2\,H_2O \rightarrow Cl_2 + 2\,e^- + 2\,H_3O^+$$

Teilgleichung für die *Reduktion*:

1. Notieren des Ausgangs- und Endstoffes:
   $MnO_4^- \rightarrow Mn^{2+}$
2. Ermittlung der Oxidationszahlen
   $\overset{+VII}{MnO_4^-} \rightarrow \overset{+II}{Mn^{2+}}$ Elektronenaufnahme = Reduktion
3. + 4. e^--Ausgleich und Ladungsvergleich
   $\overset{+VII}{MnO_4^-} + 5\,e^- \rightarrow \overset{+II}{Mn^{2+}}$
   Ladung $-1 + (-5) = -6$ Ladung $+2$ Differenz: 8
5. Ladungsausgleich mit H_3O^+-Ionen
   $MnO_4^- + 5\,e^- + 8\,H_3O^+ \rightarrow Mn^{2+}$
6. Berichtigung der Gleichung durch H_2O-Moleküle

$$MnO_4^- + 5\,e^- + 8\,H_3O^+ \rightarrow Mn^{2+} + 12\,H_2O$$

II. Teilvorgänge nach Abgleich der Elektronenzahlen zur Gesamtgleichung summieren

$2\,HCl + 2\,H_2O \rightarrow Cl_2 + 2\,e^- + 2\,H_3O^+ \quad \cdot 5$
$MnO_4 + 5\,e^- + 8\,H_3O^+ \rightarrow Mn^{2+} + 12\,H_2O \quad \cdot 2$

Die e^--Zahl muß bei beiden Gleichungen übereinstimmen: Zu diesem Zweck bildet man das *kleinste, gemeinsame Vielfache der e^--Zahlen von Oxidation und Reduktion* und multipliziert die gesamten Teilgleichungen mit diesen Faktoren:

$10\,HCl + 10\,H_2O \rightarrow 5\,Cl_2 + \mathbf{10\,e^-} + 10\,H_3O^+$ Ox
$2\,MnO_4^- + \mathbf{10\,e^-} + 16\,H_3O^+ \rightarrow 2\,Mn^{2+} + 24\,H_2O$ Red

Die e^- und alle Stoffe , die auf beiden Seiten vorkommen, werden verrechnet:

$10\,HCl \rightarrow 5\,Cl_2$ **Ox**
$2\,MnO_4^- + 6\,H_3O^+ \rightarrow 2\,Mn^{2+} + 14\,H_2O$ **Red**

$$10\,HCl + 2\,MnO_4^- + 6\,H_3O^+ \rightarrow 5\,Cl_2 + 2\,Mn^{2+} + 14\,H_2O \quad \textbf{Redox}$$

Reduktionsmittel (HCl) Oxidationsmittel (MnO_4^-)

Vergessen Sie nicht:

- Die Teilchen auf den beiden Seiten einer Teilgleichung enthalten zu Beginn der Aufstellungsarbeit oft unterschiedliche Zahlen von H-Atomen bzw. O-Atomen. Konzentrieren Sie Ihre Anstrengungen zunächst auf die Atome, die die Oxidationsstufe ändern; die Anzahl und Gegenwart der H-Atome bzw. O-Atome regelt sich mit dem Ladungsausgleich und dem Abgleich durch Wassermoleküle!
- Beim Erstellen der Gesamtgleichung ist, nach erfolgter Abstimmung der e^--Zahl, eine Verrechnung der auf beiden Seiten vorkommenden identischen Teilchenarten erforderlich: Dazu wird die Differenz, z. B. zwischen den Koeffizienten der Wassermoleküle, gebildet. Auf der Seite mit der größeren Zahl verbleibt der Differenzbetrag, auf der anderen Seite entfällt die Teilchensorte ganz.
- Das *Oxidationsmittel* ist das Teilchen, das e^- dazugewinnt, also *reduziert* wird – es ist ein Mittel zur Oxidation eines anderen Teilchens. Das *Reduktionsmittel* ist das Teilchen das e^- verliert, es wird also *oxidiert* – es ist ein Mittel, das einem anderen Teilchen e^- verschafft.

Aufgabe 3)

I. Ermittlung der Teilvorgänge

1. Notieren des Ausgangs- und Endstoffes:

$H_2O_2 \rightarrow O_2$

2. Ermittlung der Oxidationszahlen

$\overset{-I}{H_2O_2} \rightarrow \overset{0}{O_2}$ In H_2O_2 hat Sauerstoff die OxZ –I! Elektronenabgabe = Oxidation!

3. Änderung der Oxidationszahl durch Elektronen ausgleichen

$\overset{-I}{H_2O_2} \rightarrow \overset{0}{O_2} + 2\,e^-$ e^- stehen bei der Oxidation rechts!

4. Ladungsvergleich

$\overset{-I}{H_2O_2} \rightarrow \overset{0}{O_2} + 2\,e^-$

Ladung 0 Ladung –2

5. Ladungsausgleich erfolgt mit H_3O^+-Ionen, da im Sauren

$H_2O_2 \rightarrow O_2 + 2\,e^- + 2\,H_3O^+$

6. Berichtigung der Gleichung durch H_2O-Moleküle

$H_2O_2 + 2\,H_2O \rightarrow O_2 + 2\,e^- + 2\,H_3O^+$

Teilgleichung für die *Reduktion*:

1. Notieren des Ausgangs- und Endstoffes:

$Cr_2O_7^{2-} \rightarrow \mathbf{2}\,Cr^{3+}$ Stöchiometrie beachten!

2. Ermittlung der Oxidationszahlen

$\overset{+VI}{Cr_2O_7^{2-}} \rightarrow \overset{+III}{2\,Cr^{3+}}$ Elektronenaufnahme = Reduktion

3. + 4. e^--Ausgleich und Ladungsvergleich

+VI			+III	
$Cr_2O_7^{2-}$	$+ 6\ e^-$	$\rightarrow$	$2\ Cr^{3+}$	
Ladung $-2 + (-6) = -8$			Ladung $2 \cdot (+3) = +6$	Differenz : 14

5. Ladungsausgleich mit H_3O^+-Ionen

   $Cr_2O_7^{2-} + 6\ e^- + 14\ H_3O^+ \rightarrow 2\ Cr_2^{3+}$

6. Berichtigung der Gleichung durch H_2O-Moleküle

$$Cr_2O_7^{2-} + 6\ e^- + 14\ H_3O^+ \rightarrow 2\ Cr^{3+} + 21\ H_2O$$

II. Teilvorgänge nach Abgleich der Elektronenzahlen zur Gesamtgleichung summieren

$H_2O_2 + 2\ H_2O$	$\rightarrow$	O_2	+	$2\ e^- + 2\ H_3O^+$	$\cdot 3$
$Cr_2O_7^{2-} + 6\ e^- + 14\ H_3O^+$	$\rightarrow$	Cr^{3+}	+	$21\ H_2O$	
$3\ H_2O_2 + 6\ H_2O$	$\rightarrow$	$3\ O_2$	+	$\mathbf{6}\ e^- + 6\ H_3O^+$	**Ox**
$Cr_2O_7^{2-} + \mathbf{6}\ e^- + 14\ H_3O^+$	$\rightarrow$	$2\ Cr^{3+}$	+	$21\ H_2O$	**Red**

$$3\ H_2O_2 + Cr_2O_7^{2-} + 8\ H_3O^+ \rightarrow 3\ O_2 + 2\ Cr^{3+} + 15\ H_2O \quad \textbf{Redox}$$

Reduktions-mittel ($3\ H_2O_2$) Oxidations-mittel ($Cr_2O_7^{2-}$)

Zusammenfassung:

- Bei der Teilgleichung für die *Oxidation stehen die e^- auf der rechten Seite*, da sie formal als Produkt der e^--Abgabe gelten.
- Entsprechend finden sich die e^- bei der Teilgleichung *für die Reduktion auf der linken Seite*, da sie formal als Edukt für die Vereinigung mit einem zu reduzierenden Teilchen gesehen werden können.
- Beim *Oxidationsvorgang ist die entscheidende Oxidationszahl auf der Eduktseite kleiner* als auf der Produktseite.
- Beim *Reduktionsvorgang ist die entscheidende OxZ auf der Eduktseite größer* als auf der Produktseite.
- Die *H_3O^+-Ionen* sind beim Ladungsausgleich *auf der Seite mit der kleineren Ladungszahl* zu plazieren.
- Die *OH^--Ionen* stehen *auf der Seite mit der größeren Ladungszahl* (ein Beispiel für eine Redoxreaktion im alkalischen Medium findet sich in Kap. 38.17).

38 Einführung in die Organische Chemie

In der heutigen Zeit ist die Organische Chemie die *Chemie des Elementes Kohlenstoff*, dessen Verbindungen eine enorme, unüberschaubare Vielfalt bilden.

Kohlenstoffverbindungen sind auch die Stoffe, die im Stoffwechsel aller lebenden Organismen eine herausragende Rolle spielen. Aus diesem Grund faßte man früher das Wissen über die Stoffe, die sich aus Lebewesen isolieren ließen, unter dem Begriff „Organische Chemie“ zusammen, da man der Überzeugung war, daß eine geheimnisvolle „vis vitalis“ (= Lebenskraft des lebenden Organismus) zu ihrer Herstellung unabdingbare Voraussetzung sei.

Unser modernes Leben wäre undenkbar ohne die immensen Kenntnisse, über die die Chemie im Bereich der Kohlenstoffverbindungen inzwischen verfügt.

Um eine Ahnung von der Wichtigkeit der Kohlenstoffverbindungen zu vermitteln, sollen einige Stoffgruppen genannt werden, deren Strukturen und Reaktivität der Organischen Chemie zuzuordnen sind:

- Verbindungen des tierischen und pflanzlichen Stoffwechsels
- Rohstoffe und Produkte der fossilen Bodenschätze wie Kohle, Erdöl, Erdgas
- Lebensmittel
- nahezu alle Arten von Medikamenten
- Kunststoffe und textile Fasern
- Waschmittel

Trotz der verwirrenden Vielfalt von Kohlenstoffverbindungen ist es bei einer entsprechenden Vorgehensweise nicht allzu schwer, einen roten Faden für die systematische Eroberung des organisch-chemischen Terrains zu finden:

- *Kohlenstoff bildet* in aller Regel *vier Bindungen zu anderen Atomen* aus! (siehe Kap. 27.2)
- Die grundlegenden organischen Verbindungen lassen sich klar umrissenen Stoffamilien mit charakteristischen Eigenschaften zuordnen.
- Die Stoffamilien lassen sich durch organisch-chemische Reaktionen auseinander entwickeln. Es läßt sich also eine Art „Stammbaum“ erstellen.

In den folgenden Ausführungen wird auf eine Anwendung des Orbitalmodells auf das Bindungsgeschehen in den organischen Verbindungen verzichtet.

Gehen Sie davon aus, daß bei *Kohlenstoffatomen* grundsätzlich die Bereitschaft vorhanden ist, *vier* Bindungen einzugehen (Einfach-, Doppel- und Dreifachbindungen siehe auch Kap. 27.2 und 27.3.).

Die relevanten Grundlagen zum Orbitalmodell entnehmen Sie bei Bedarf am besten einem Schulbuch für Organische Chemie der gymnasialen Oberstufe.

38.1 Geometrie der Bindungen in organischen Molekülen

Im Kapitel 31 wurde bereits darauf hingewiesen, daß bindende Elektronenpaare als *räumlich gerichtete Elektronenwolken* betrachtet werden können.

Eine Besonderheit des Elementes Kohlenstoff liegt darin, daß sich seine Atome untereinander nahezu unbegrenzt zu verbinden vermögen. Die Strukturen, die dadurch entstehen, reichen von Molekülen mit zwei C-Atomen bis hin zu Strukturen, die aus mehreren Tausend C-Atomen bestehen.

Bei den immer komplexeren Gefügen, die so gebildet werden, spielt *die räumliche Betrachtung der Einzelbausteine mit den Bindungen*, die von ihnen ausgehen, eine zentrale Rolle, will man die *Molekülgeometrie* verstehen. Dieses Verständnis ist die zwingende Voraussetzung, um die chemischen und physikalischen Eigenschaften organischer Verbindungen erfassen zu können.

38.1.1 Einfachbindungen

Aus Kapitel 31.2 ist bekannt, daß die vier C-H-Bindungen des Methans CH_4 in die Ecken eines Tetraeders weisen.

Bildet nun *ein Kohlenstoffatom vier Einfachbindungen* zu anderen, auch unterschiedlichen, Atomen aus, *so weisen diese generell in die Tetraederecken*!

Diese Tatsache bewirkt bei kleinen und auch größeren organischen Molekülen dieses Typs eine charakteristische Geometrie!

Dementsprechend ist bei den größeren Molekülen zu beachten, daß *die von jedem C-Atom ausgehenden Bindungen tetraedrisch angeordnet sind*:

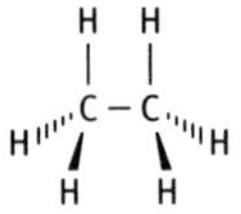

Ethan

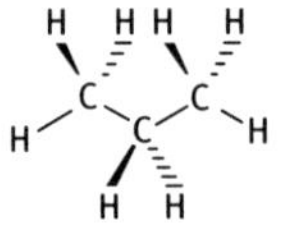

Propan

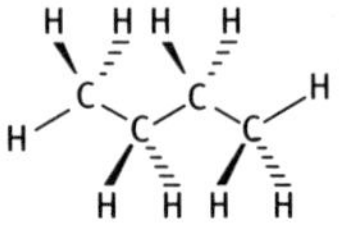

Butan

Symbole für die Bindungen: Strich: Bindung liegt in der Papierebene
Pfeil gestrichelt: Bindung weist nach hinten
Pfeil durchgezogen: Bindung weist nach vorne!

Für organische Verbindungen, die *ausschließlich C-C-Einfachbindungen* aufweisen, gelten folgende Aussagen:

- Die Bindungswinkel (zwischen drei C-Atomen oder C-Atom und zwei H-Atomen o.ä.) betragen 109°28'. Dies entspricht dem *Tetraederwinkel.*
- Längere Kohlenstoffketten bilden im gestreckten Zustand eine *Zick-Zack-Kette* aus.
- Diese beiden Bindungen, die jedes C-Atom der Kette außerdem unterhält, weisen unter Einhaltung des Tetraederwinkels von der C-Kette weg. In der räumlichen Darstellung verwendet man dafür die Darstellung durch gestrichelte und durchgezogene Pfeile.
- Um die Einzelbindung herrscht jeweils *freie Drehbarkeit*. Das bedeutet, daß die *längeren Ketten auch als Knäuel* vorliegen können.

38.1.2 Doppelbindungen

Bildet *ein Kohlenstoffatom eine Doppelbindung und zwei Einfachbindungen* zu anderen, auch unterschiedlichen Atomen aus, *so weisen dessen drei Bindungspartner in die Ecken eines gleichseitigen Dreieckes*!

Auch daraus ergibt sich eine spezielle Molekülgeometrie:

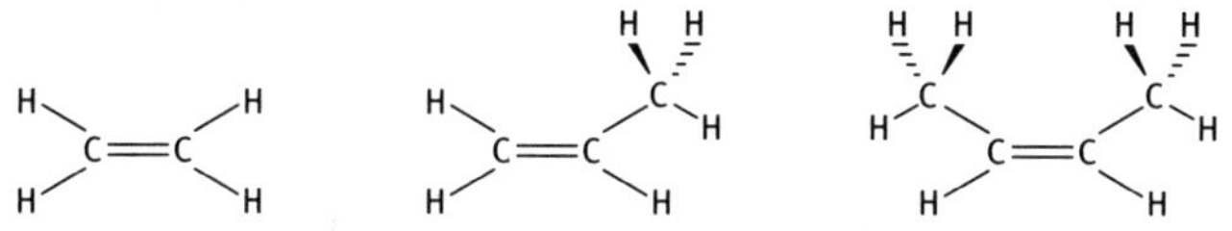

Ethen Propen (cis-) 2-Buten

Die Beispiele beschränken sich auf C-C-Doppelbindungen. Es gibt auch C-O-, C-N-, C-S-Doppelbindungen.

Für organische Moleküle, die mindestens eine Doppelbindung aufweisen, gilt:

- Die Bindungswinkel um ein, an einer Doppelbindung beteiligtes, C-Atom sind alle gleich und betragen 120°.
- *Die an die Doppelbindung und die beiden Einfachbindungen gebundenen Atome liegen in einer Ebene.*
  An einer *C-C-Doppelbindung* sind (bis auf einige wenige Ausnahmen) *insgesamt sechs Atome beteiligt*. Auch diese *liegen alle in einer Ebene.*
- Weitere, nicht an Doppelbindungen beteiligte, C-Atome im Molekül unterhalten ihre Bindungen entsprechend der Tetraedergeometrie.
- Im Bereich einer Doppelbindung ist die *freie Drehbarkeit um die Bindungsachse aufgehoben*!

38.1.3 Dreifachbindungen

Bildet ein *Kohlenstoffatom eine Dreifachbindung zu einem anderen Kohlenstoffatom* und *eine Einfachbindung zu einem weiteren Atom* aus, so liegen die liegen *alle drei Atome auf einer Linie.*

Die resultierende Molekülgeometrie gestaltet sich somit im Bereich von Dreifachbindungen denkbar einfach:

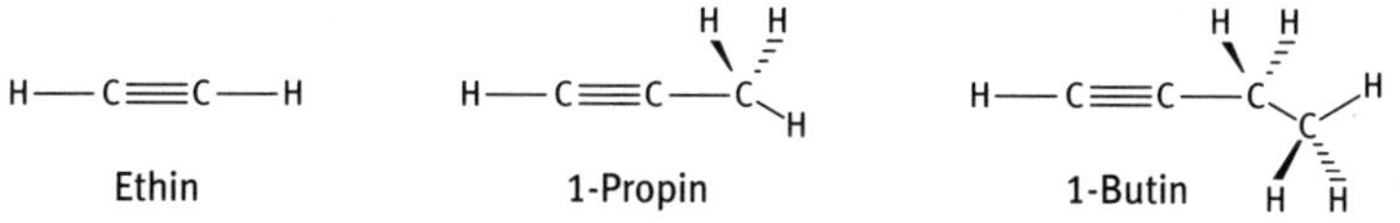

Ethin 1-Propin 1-Butin

Für organische Moleküle, die eine Dreifachbindung enthalten, bleibt festzuhalten:

- Da die beteiligten Atome linear angeordnet sind, beträgt der Bindungswinkel 180°.
- Auch bei Dreifachbindungen gibt es *keine freie Drehbarkeit um die C-C-Bindungsachse*!

38.2 Homologe Reihen

Die Molekülbeispiele aus Kapitel 38.1 sind so gewählt, daß die einzelnen Moleküle mit Einfach-, Doppel- und Dreifachbindungen jeweils durch das Hinzufügen einer CH_2-Gruppierung auseinander hervorgehen, wobei diese „Molekülschnipsel" als *Methylengruppen* bezeichnet werden.

Durch die sukzessive Eingliederung weiterer C-Atome entstehen *Molekülreihen, die stetig steigende Kohlenstoffzahlen neben* (mindestens) *einem gleichbleibenden charakteristischen Merkmal, den Molekülbau betreffend, aufweisen.*

Diese Molekülreihen heißen *homologe Reihen* (Übersicht siehe Kap. 38.18) und besitzen *gemeinsame chemische Eigenschaften*, wobei sich bei den größeren Molekülen, man nennt sie *höhere Homologe*, auch die Einflüsse der zunehmenden Größe bemerkbar machen: So ändern sich vor allem die physikalischen Eigenschaften mit steigender Anzahl der C-Atome in den Molekülen.

Die *Schmelz- und Siedetemperaturen steigen*, insgesamt betrachtet, an, d. h. die niedrigen Homologen der bereits vorgestellten homologen Reihen (mit Einfach-, Doppel- und Dreifachbindungen) sind gasförmig, die mittleren flüssig und die höheren fest.

Da die Einzelmoleküle unpolar sind, erklärt sich dieser Sachverhalt aus der zunehmenden Wirkung der oberflächenwirksamen Van-der-Waals-Kräfte (siehe dazu Kap. 32.1).

38.3 Nomenklatur I

Um die unglaubliche Zahl der organischen Verbindungen in ein international verständliches und verbindliches System einordnen zu können, wurden die sogenannten *Genfer Nomenklaturregeln* (IUPAC) aufgestellt.
Sie weisen den Molekülen Namen zu, die

- ihre Zugehörigkeit zu homologen Reihen,
- ihre Zahl an C-Atomen (und damit auch H-Atomen) und
- sonstige Besonderheiten des Molekülbaus

eindeutig charakterisieren.

Die Angaben zur Anzahl der C-Atome werden für alle homologen Reihen von griechischen oder lateinischen Zahlwörtern abgeleitet.

Am einfachsten erklären sich die „Basisnamen" am Beispiel der homologen Reihen aus Kapitel 38.1:

- Diese homologen Reihen sind ausschließlich aus C- und H-Atomen aufgebaut. Man faßt sie unter dem Namen *Kohlenwasserstoffe* zusammen.
- Die Kohlenwasserstoffe tragen die Namen **Alkane**, wenn nur *Einfachbindungen* in den Molekülen enthalten sind,
  Alkene, wenn *Doppelbindungen* und
  Alkine, wenn *Dreifachbindungen* in die Molekülstruktur eingebunden sind.
- Für die jeweils ersten zehn *unverzweigten* Homologen C_1–C_{10} ergeben sich nachstehende Namen

Tab. 38.1: Die ersten zehn unverzweigten Homologen

Anzahl C-Atome	Name des Alkans	Name des Alkens	Name des Alkins
1	Methan	Moleküle existieren nicht	
2	Ethan	Ethen	Ethin
3	Propan	Propen	Propin
4	Butan	Buten	Butin
5	Pentan	Penten	Pentin
6	Hexan	Hexen	Hexin
7	Heptan	Hepten	Heptin
8	Octan	Octen	Octin
9	Nonan	Nonen	Nonin
10	Decan	Decen	Decin

38.4 Schreibweisen für organische Moleküle

Die *räumliche Darstellung* aus Kapitel 38.1 wird in der Praxis dann verwendet, wenn auf geometrische Merkmale besonderes Gewicht gelegt werden soll.

Normalerweise verwendet man die *Strukturformel* oder *„Halb"-Strukturformel*, wenn organische Moleküle wiedergegeben werden sollen. Diese Darstellungsarten vermitteln dem einigermaßen geübten „Anwender" normalerweise genügend Informationen über das betrachtete Molekül.

Die *Summenformel* gibt lediglich die jeweiligen *Atomzahlen* im Molekül an.

Tab. 38.2: Struktur- und Halbstrukturformeln verschiedener C_5 -Verbindungen

Organische Verbindung, Summenformel	Strukturformel	Halbstrukturformel
Pentan, C_5H_{12}	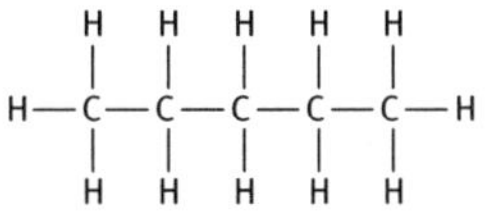	$H_3C-CH_2-CH_2-CH_2-CH_3$
2-Penten, C_5H_{10}	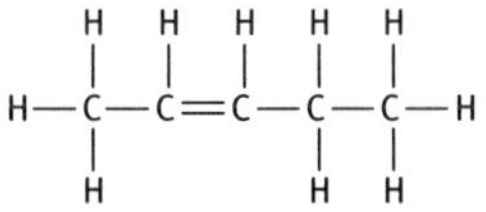	$H_3C-CH{=}CH-CH_2-CH_3$
1-Pentin, C_5H_8	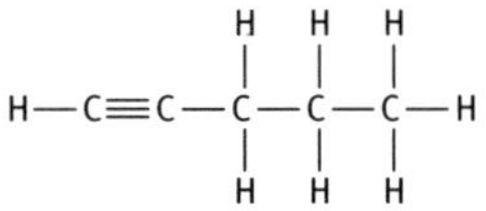	$HC\equiv C-CH_2-CH_2-CH_3$

38.5 Nomenklatur II

Alkane sind *gesättigte Kohlenwasserstoffe*. Alkene und Alkine sind aufgrund ihrer Mehrfachbindungen *ungesättigte Kohlenwasserstoffe*.

Aus der Tab. 38.2 wird ersichtlich, daß bei längeren ungesättigten organischen Molekülen gleicher C-Anzahl die *Mehrfachbindungen an unterschiedlichen Positionen der C-Kette lokalisiert* sein können. Die Position der Mehrfachbindung wird durch *vorangestellte natürliche Zahlen* eindeutig festgelegt: Man zählt jedoch stets so, daß die *Zahl möglichst klein* bleibt.

38.6 Die homologe Reihe der Alkane

1. Allgemeine Summenformel:

$$C_nH_{2n+2}$$

   n entspricht der Zahl der C-Atome.
2. Vorkommen und Verwendung:
   Man findet sie vorwiegend in *Erdöl* und *Erdgas*. Sie werden entweder als fossile Energieträger verbrannt oder sind *Ausgangssubstanzen* für eine Vielzahl organisch-chemischer *Syntheseketten*.
3. Einteilung:
   Die mit der Kettenlänge zunehmenden Van-der-Waals-Kräfte bedingen die Aggregatzustände der Alkane.
   - *niedere Alkane* bei Zimmertemperatur *gasförmig*
     z.B. Methan aus Erdgas, Propan, Butan als „Flüssiggas“ in Druckgefäßen
   - *mittlere Alkane* bei Zimmertemperatur *flüssig*
     Pentan bis Nonan sind die Hauptbestandteile der Leicht-, Mittel- und Schwerbenzine
   - *höhere Alkane* bei Zimmertemperatur *ölig, zäh bis fest*
     $C_{10}-C_{16}$ für Motorenöl, Paraffinöl, Vaseline
     $> C_{16}$ festes Paraffin, Kerzenmaterial
4. Eigenschaften:
   - Das spezifische Gewicht liegt unter dem von Wasser.
   - Keine Mischbarkeit mit Wasser: Sie sind *hydrophob* (wasserabweisend) bzw. *lipophil* („fettliebend“).
     Die unpolaren Alkane lösen sich ineinander oder in anderen unpolaren Lösungsmitteln (siehe Kap. 32.4).
   - Das *chemische Reaktionsvermögen* der Alkane ist *schwach ausgeprägt*. Eine heftige Reaktion erfolgt lediglich mit Fluor, Chlor, Brom nach einem *Radikalkettenmechanismus* (siehe auch Kap. 35.1.1).
   - Alle Alkane sind *brennbar*, allerdings steigt mit zunehmender C-Zahl die Leuchtkraft der Flamme und die Rußentwicklung.

38.7 Die homologe Reihe der Alkene

1. Allgemeine Summenformel:

$$C_nH_{2n}$$

2. Herstellung:
   Alkene entstehen, wenn H-Atome aus Alkanmolekülen abgespalten werden. Dieser Vorgang heißt *Dehydrierung*:

$$\text{Ethan} \xrightarrow{-2H} \text{Ethen}$$

3. Eigenschaften:
   - Ethen, Propen und die unterschiedlichen Butene (vgl. Kap. 38.10) sind nahezu geruchlos und gasförmig.
   - Die Schmelz- und Siedetemperaturen sind denen der Alkane ähnlich, wobei auch hier den Van-der-Waals-Kräften eine bedeutende Rolle zukommt.
   - Ihr Löslichkeitsverhalten ist deutlich hydrophob bzw. lipophil.
   - Durch den gegenüber den Alkanen, geringeren Wasserstoffanteil ist die Verbrennung behindert und es kommt zu stärkerer Rußentwicklung.
4. Additionsreaktionen
   Die Alkene sind wegen des *„ungesättigten Charakters"* wesentlich *reaktionsfreudiger als die Alkane.*
   So können im Bereich der Doppelbindungen andere Atome angelagert werden, wobei die *Doppelbindung* zugunsten neuer Bindungen zu den eintretenden Atomen *aufgelöst* wird:

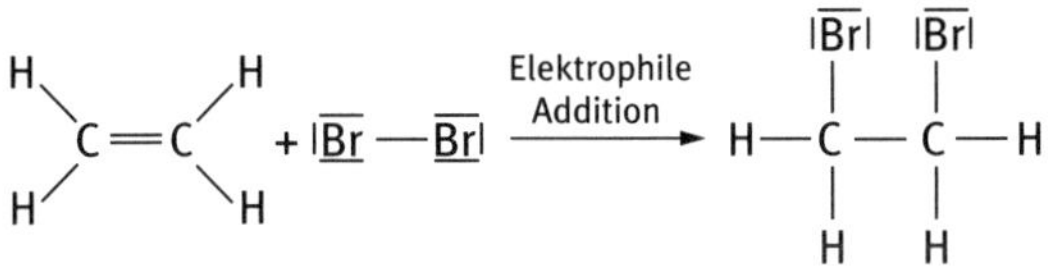

1,2-Dibrommethan,
ein Halogenalkan

Die Bezeichnung *elektrophil* weist darauf hin, daß die Reaktion des angreifenden Teilchens (hier Br_2) im Bereich der Doppelbindung des Ethens einsetzt – es ist also elektronenliebend, „elektrophil"!
Der Reaktionstyp heißt *elektrophile Addition*!

38.8 Die homologe Reihe der Alkine

1. Allgemeine Summenformel:

$$C_nH_{2n-2}$$

2. Ein Alkin mit praktischer Bedeutung: *Acetylen = Ethin*
   Ethin erzeugt bei der Verbrennung mit reinem Sauerstoff Flammentemperaturen bis zu 3000 °C. Damit können auch Stoffe mit sehr hohen Schmelztemperaturen, wie z.B. Stahl, flüssig gemacht werden. Ethin wird aus diesem Grund in Stahldruckflaschen gefüllt und zum *Schweißen von Metallen* verwendet.

Zudem ist Ethin eine der wichtigsten *Ausgangsverbindungen* für organisch-chemische Synthesen komplexerer Moleküle.

3. Eigenschaften:
   - Alkine sind in Wasser sehr schlecht löslich.
   - Schmelz- und Siedepunkte gleichen denen von Alkanen und Alkenen. Sie sind stark beeinflußt von den Van-der-Waals-Kräften zwischen den ansonsten unpolaren Moleküle.
   - Aufgrund des ungesättigten Charakters sind die Alkine wie die Alkene zu *elektrophilen Additionsreaktionen* fähig.

38.9 Seitenketten und Alkylreste

Mit zunehmender C-Zahl können in den Molekülen *Verzweigungen* auftreten:

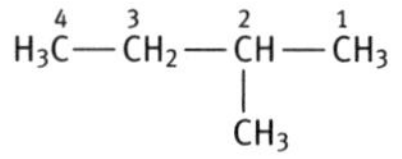

2-Methylbutan

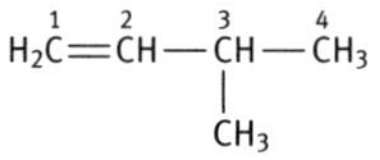

3-Methyl-1-buten

- Bei der Benennung ermittelt man zunächst die längste C-Kette, numeriert und benennt diese. Dabei bestimmen Mehrfachbindungen oder funktionelle Gruppen (siehe Kap. 38.12) den Kettenanfang.
- Die Namen der Seitenketten leiten sich von den Alkanen ab: Methylgruppe CH_3-, Ethylgruppe H_3C-CH_2- usw.
  Allgemein sind das *Alkylgruppen* oder -reste *R*- (allgemeine Summenformel: C_nH_{2n+1}).

38.10 Isomerie

Organische Moleküle können bei gleicher Summenformel ganz unterschiedliche Gestalt annehmen, d.h.

- die gleichen Atome (Sorte und Anzahl identisch) können unterschiedlich miteinander verknüpft sein bzw.
- die Atome können in der gleichen Art und Weise miteinander verknüpft sein und trotzdem weisen die Moleküle entscheidende räumliche Unterschiede auf.

Solche Moleküle heißen Isomere, die Eigenschaft als solche wird als *Isomerie* bezeichnet.

Beispiel Buten C_4H_8:

a)

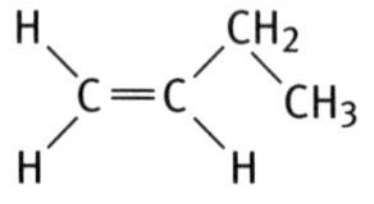

1-Buten

b)

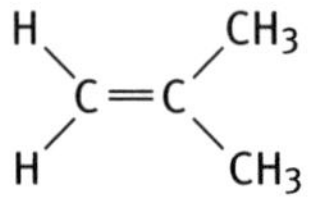

2-Methylpropen, ein Alken mit *Seitenkette*

c)

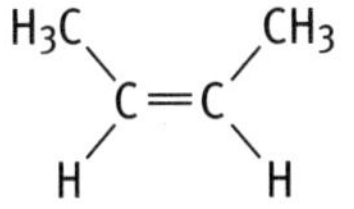

cis-2-Buten

d)

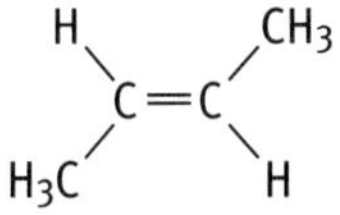

trans-2-Buten

- Alle vier Moleküle sind Isomere der Butens.
- a), b) und c) oder a), b) und d) unterscheiden sich in der Art der Verknüpfung der Atome. Sie sind deshalb *Struktur- oder Konstitutionsisomere.*
  Die *Konstitution* eines Moleküls bezeichnet die *Abfolge und Art der Verknüpfung der Atome* in einem Molekül.
- c) und d) weisen die *identische Konstitution* auf, unterscheiden sich jedoch aufgrund der fehlenden freien Drehbarkeit um die Doppelbindung *in der räumlichen Anordnung* der CH_3-Gruppen. Diese Erscheinung wird als *Konfigurationsisomerie* bezeichnet.
  Im speziellen Fall der räumlichen Anordnung im Bereich von Doppelbindungen spricht man von *cis-trans-Isomerie.*

38.11 Sauerstoffhaltige organische Verbindungen

Die organischen Verbindungen können neben C- und H-Atomen auch Atome anderer Elemente enthalten.

In den organischen Molekülen des Stoffwechsels und der chemischen Industrie findet man dementsprechend hauptsächlich die folgenden Elemente:

- Kohlenstoff, Wasserstoff
- Sauerstoff
- Stickstoff, Schwefel, Phosphor und die Halogene

Neben diesen treten auch andere Elemente, wie z. B. das Magnesium im Chlorophyll der Pflanzen, auf.

Das *Vorhandensein von O-Atomen* in den Molekülen verursacht die entscheidende Beschaffenheit des Molekülgefüges, die für die meisten *Besonderheiten der Reaktivität* dieser Verbindungen eine Erklärung liefern wird:

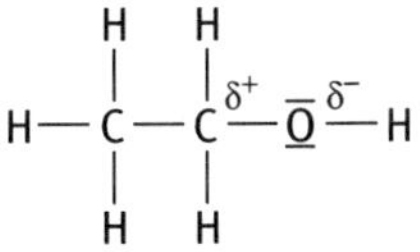

Ethanol, ein Alkohol

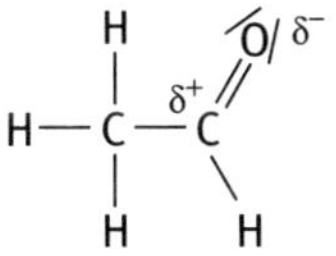

Ethanal, ein Aldehyd

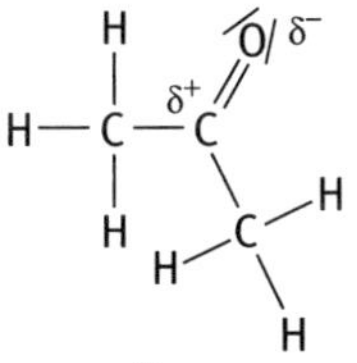

Propanon, ein Keton

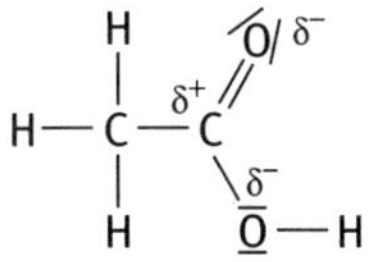

Ethansäure, eine Carbonsäure

Die Elektronegativität des Sauerstoffs (3,50, siehe Kap. 29.1) ist erheblich höher als die des Kohlenstoffs (2,50) und des Wasserstoffs (2,20), d. h. in den sauerstoffhaltigen organischen Verbindungen treten *polare Bindungen* auf!

Das dadurch bedingte Vorhandensein von Ladung in Form *negativer Teilladung im Bereich des O-Atoms* (δ^-) und *positiver Teilladung des direkt gebundenen C-Atoms* (δ^+) läßt innerhalb der Moleküle Stellen entstehen, die für *Angriffe positiv bzw. negativ geprägter Reaktionspartner besonders prädestiniert* sind (siehe dazu auch Kap. 38.13).

Nachfolgend soll ein Kurzüberblick über wichtige organische Stoffklassen gegeben werden, in deren Moleküle O-Atome zu finden sind.

38.12 Alkohole

Alkohole (Alkanole) leiten sich von den Alkanen dadurch ab, daß ein H-Atom durch eine Gruppierung -OH ersetzt wird.

Diese trägt den Namen *Hydroxylgruppe* und ist bezeichnend für die Alkohole. Solche, eine Stoffklasse charakterisierende Molekülteile, heißen *funktionelle Gruppen*.

1. Summenformel:

$$C_nH_{2n+1}OH$$

2. Eigenschaften:
   - Niedrige Homologe verhalten sich als *Derivate* (=Abkömmlinge) des Wassers H-O-H, in denen ein H-Atom des Wassermoleküls durch einen *Alkylrest*, kurz *R*-, ersetzt wurde:

Beispiel Propanol

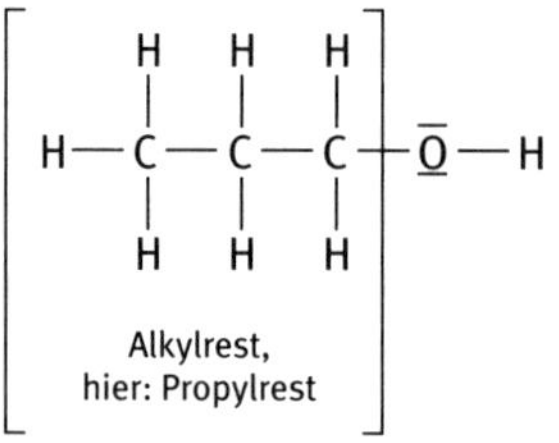

   - Bis zum C_4-Körper sind die Alkohole wasserlöslich, da die Hydroxylgruppe zum Mittler zwischen dem polaren Lösungsmittel Wasser (siehe Kap. 32.2) und dem unpolaren Alkylrest wird.
     Ist die C-Zahl des Alkylrestes jedoch größer, so überwiegen dessen hydrophobe Eigenschaften und führen zur Wasserunlöslichkeit und Lipophilie.
   - Durch die Polarität der Alkoholmoleküle bilden sich zwischen ihnen *Wasserstoffbrückenbindungen* aus. Dies führt zu einem signifikanten *Anstieg der Siedetemperaturen* im Vergleich mit den Alkanen.
3. Isomerie:
   Es ist leicht nachzuvollziehen, daß durch die Hydroxylgruppe, die innerhalb der längeren Alkoholmoleküle auch an unterschiedlichen Positionen lokalisiert sein kann, die Zahl der Strukturisomere (siehe Kap. 38.10) zunimmt.

4. Nomenklatur:
   - Name des entsprechenden Alkans plus Endung -ol
   - Bezeichnung der Position der Hydroxylgruppe durch (möglichst kleine) natürliche Zahlen

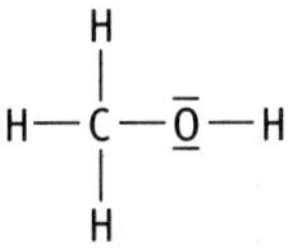

Methanol

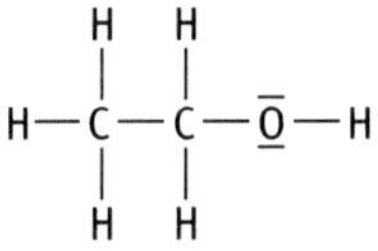

Ethanol

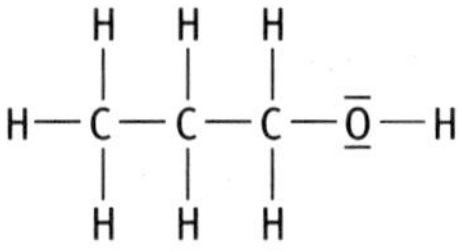

1-Propanol

Beispiele *primärer* Alkohole

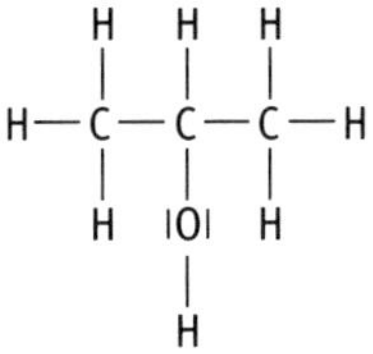

2-Propanol
Beispiel eines *sekundären* Alkohols

Die Begriffe primär, sekundär, tertiär beziehen sich auf die *C-Atome, die mit der funktionellen Gruppe verknüpft sind*:
primär – das C-Atom unterhält eine weitere Bindung zu C
sekundär – zwei Bindungen zu C
tertiär – drei Bindungen zu C

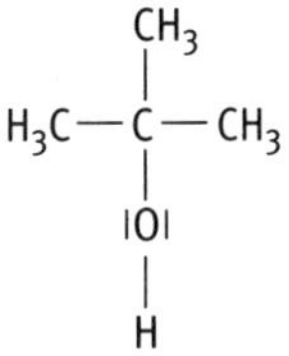

2-Methyl-2-propanol

Beispiel eines *tertiären* und verzweigten Alkohols, oft auch als tertiäres Butanol bezeichnet

5. Reaktivität:
   Die Stoffklasse der Alkohole ist derartig groß, daß befriedigende Betrachtungen des Reaktionsverhaltens den Rahmen dieses Buches sprengen würden – es sei hier auf die vielen Lehrbücher der Organischen Chemie verwiesen.

   Für die nachfolgenden Ausführungen zu den weiteren Stoffklassen sei angemerkt, daß *primäre und sekundäre Alkohole oxidierbar sind* und dadurch die wichtigen Moleküle der *Aldehyde* und *Ketone* (Kap. 38.14, 38.15.) entstehen:

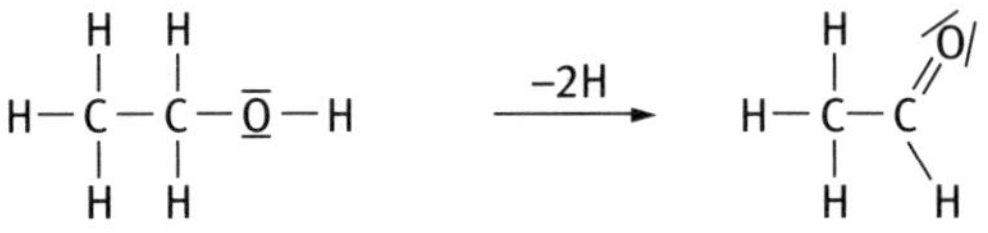

Ethanol — Ethanal, ein Aldehyd

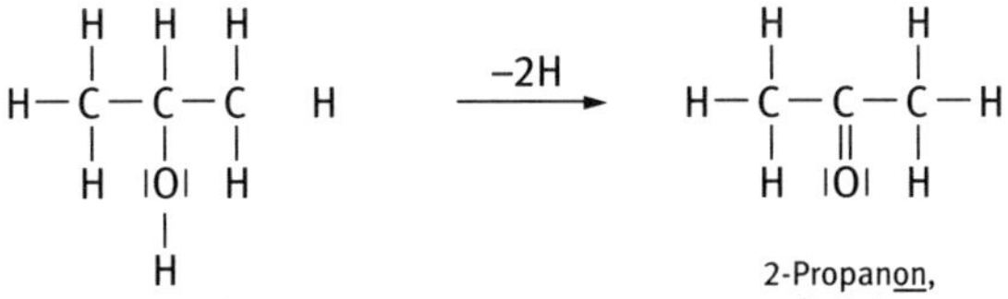

2-Propanol — 2-Propanon, ein Keton

Die Oxidation entspricht einer Dehydrierung (H-Abgabe)
Tertiäre Alkohole lassen sich unter entsprechenden Bedingungen *nicht oxidieren.*

38.13 Carbonylverbindungen

Aldehyde (=Alkanale) und *Ketone* (=Alkanone) (siehe Kap. 38.11 u. 38.12) enthalten die *Gruppierung C=O* in ihren Molekülen. Diese ist bei beiden Stoffklassen Bestandteil der *funktionellen Gruppe* (siehe Kap. 38.12) und trägt den Namen Carbonylgruppe:

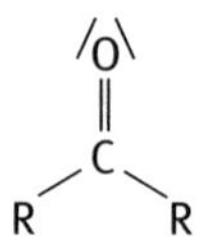

R kann ein Wasserstoffatom oder ein Alkylrest sein.
Die Reste R können unterschiedlich oder identisch sein.

Der sogenannte „Carbonylkohlenstoff", das C-Atom der Carbonylgruppe, zeichnet sich durch folgende Eigenschaften aus:

- Die von ihm ausgehende Doppelbindung zum Sauerstoff und die Einfachbindungen zu den beiden Resten weisen in die Ecken eines Dreieckes – *die drei Bindungspartner liegen mit dem Carbonylkohlenstoff in einer Ebene.*
- Die Doppelbindung ist aufgrund der EN-Werte von C und O stark polar (siehe Kap. 38.11), dadurch trägt das C-Atom eine deutliche positive Teilladung (stärker als bei den Alkoholen). Man spricht in diesem Zusammenhang auch von einer „Elektronenlücke", die eine Reaktion mit Molekülen, die Bereiche hoher Elektronendichte aufweisen (z.B. in der Form nicht bindender „freier" Elektronenpaare) geradezu forciert:

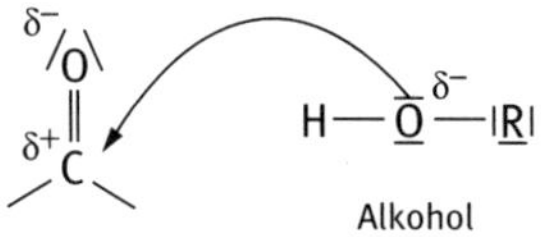

Moleküle mit freien Elektronenpaaren sind Teilchen, die im Bereich positiver Teilladungen, wie im Bereich des Carbonyl-C-Atoms, angreifen können = *nucleophile Teilchen*

Dieser sogenannte *nucleophile Angriff* ist der bedeutsamste Vorgang im Reaktionsverhalten der Carbonylverbindungen.

Die damit eingeleiteten Reaktionen der Carbonylverbindungen (z.B. nucleophile Additionsreaktionen) mit nucleophilen Teilchen führen zu einer *Vielzahl neuer organischer Verbindungen.* Ausführliche Erläuterungen bieten die Lehrbücher der Organischen Chemie.

38.14 Aldehyde

Sie leiten sich von primären Alkoholen durch Oxidation ab (siehe Kap. 38.12). Die funktionelle Gruppe ist die *Aldehydgruppe -CHO.*

1. Allgemeine Formel:

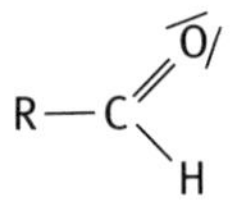

Da im Fall der Aldehyde das erste C-Atom der Kette in die funktionelle Gruppe integriert ist, verwendet man zur Bezeichnung des Alkylrestes die Kurzformel R- und verzichtet auf die gewohnte Summenformel.

   Die Aldehydgruppe weist stets den Kettenanfang aus, -R kann verzweigt sein.
2. Nomenklatur:
   Name des *Alkans* mit entsprechender Anzahl von C-Atomen plus *Endung -al*:
   Methanal (Formaldehyd), Ethanal (Acetaldehyd), Propanal (Propionaldehyd)...
   Da die Stoffklasse schon sehr lange bekannt ist, werden vielfach noch die Trivialnamen verwendet.
3. Eigenschaften:
   - Siedetemperaturen liegen höher als bei den Alkanen und niedriger als bei den Alkoholen, da zwar *Dipol-Dipol-Wechselwirkungen*, jedoch keine H-Brücken auftreten.
   - Niedere Homologe sind gut wasserlöslich, da hier H-Brücken zu H_2O-Molekülen gebildet werden können.
   - Der Geruch der flüchtigen Aldehyde ist angenehm – Moleküle sind oft Bestandteile von Düften und Aromen.
4. Wichtige Aldehyde:
   - Methanal (Formaldehyd): Ausgangschemikalie für Kunststoffe, Desinfektions- und Konservierungsmittel in einer Vielzahl von Einsatzgebieten, u.U. krebserregend. Die wäßrige Lösung ist *Formalin* zur Konservierung biologischer Objekte.
   - Ethanal (Acetaldehyd): Ausgangsstoff für Essigsäure, Farbstoffe und Arzneimittel.

38.15 Ketone

Sie leiten sich von den sekundären Alkoholen durch Oxidation ab (siehe Kap 38.12). Die *Carbonylgruppe C=O* ist bei Ketonen von *zwei Alkylresten* flankiert.

1. Allgemeine Formel:

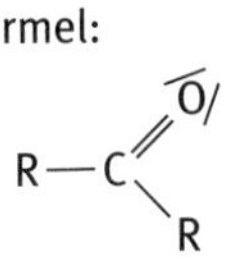

Die Alkylreste -R können gleich oder unterschiedlich sein.

2. Nomenklatur:
   Name des *Alkans*, Endung *-on* plus *Position der Carbonylgruppe* oder
   Name der Alkylreste in alphabetischer Reihenfolge und Anhängen von „-keton" z.B.

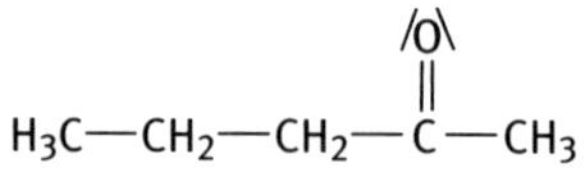

2-Pentanon oder
Methylpropylketon

3. Eigenschaften: siehe Aldehyde (Kap. 38.14)
4. Wichtige Ketone: Ein bedeutender Vertreter aus der Gruppe der Ketone ist das Propanon (Dimethylketon und auch *Aceton*):

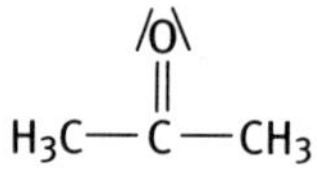

Aceton dient in allen Bereichen der Organischen Chemie häufig als Lösungsmittel.

38.16 Carbonsäuren

Die Carbonsäuren (Alkansäuren) entstehen durch Oxidation von Aldehyden (s. Beispiel aus Kap. 38.17). Die funktionelle Gruppe ist die *Carboxylgruppe -COOH.*

1. Allgemeine Formel:

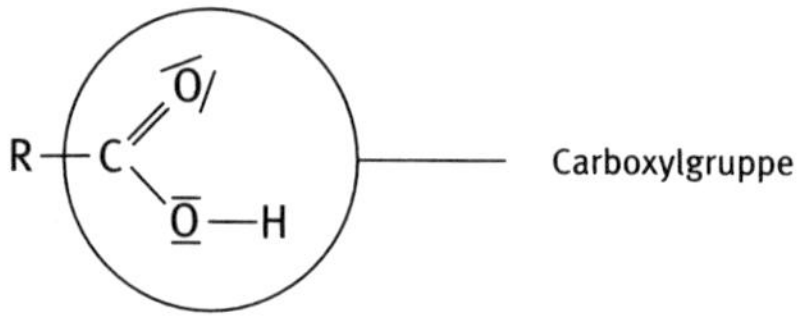

2. Nomenklatur:
Name des *Alkans* und die *Endung -säure* oder häufig auch Trivialnamen: Methansäure (Ameisensäure), Ethansäure (Essigsäure), Propansäure (Propionsäure), Butansäure (Buttersäure)...
3. Eigenschaften:
   - Die Siedepunkte liegen über denen der Alkohole, da die polare Carboxylgruppe Wasserstoffbrücken ausbilden kann.
     Höhere Homologe sind bei Raumtemperatur fest.
   - Bis C_4 sind die Säuren in jedem Verhältnis mit Wasser mischbar, bei höheren Homologen (= Fettsäuren) überwiegt die hydrophobe Eigenschaft des Alkylrestes. Letztere sind in Benzin löslich.
   - Der Geruch der Alkansäuren ist stechend bis widerlich.

- Wäßrige Lösungen von kurzkettigen Carbonsäuren reagieren sauer:

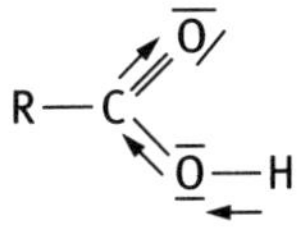

Der „Carbonylsauerstoff" bewirkt in der gesamten Carboxylgruppe einen Elektronensog in seine Richtung. Dadurch ist die Bindung zum H-Atom bereits geschwächt und eine *Protolyse* vorgezeichnet. Carbonsäuren besitzen eine (relativ schwache) Neigung zur Protonenabgabe:

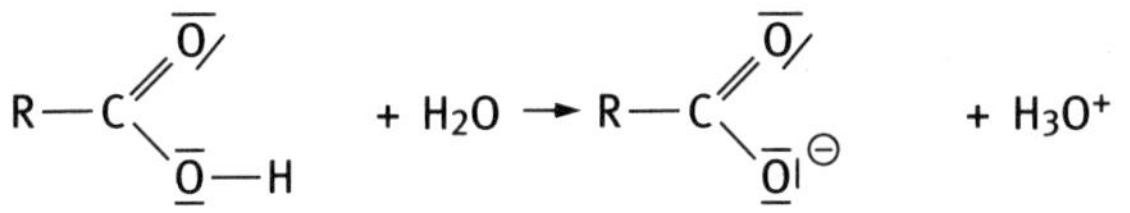

Carboxylation

38.17 Redoxreaktionen in der Organischen Chemie

Redoxvorgänge gestalten sich mit organischen Molekülen genauso wie mit anorganischen Verbindungen (siehe Kap. 37).

38.17.1 Oxidationszahlen für C-Atome

Lediglich mit der Ermittlung der Oxidationszahlen für die am Redoxvorgang beteiligten C-Atome muß sich der Lernende zusätzlich vertraut machen:

Dazu betrachtet man *jede der Bindungen, die vom entsprechenden C-Atom ausgehen* und ordnet jeder einen der nachstehenden Zahlenwerte zu.

-1	für jede Bindung zu einem *weniger elektronegativen* Atom (meist H) bzw. für eine negative Ladung (nicht Teilladung!)
0	für jede Bindung zu einem C-Atom
+1	für jede Bindung zu einem *stärker elektronegativen* Atom (oft O oder Halogen) bzw. für eine positve Ladung

Die Addition der vier Zahlen ergibt die Oxidationszahl.

2-Propanol

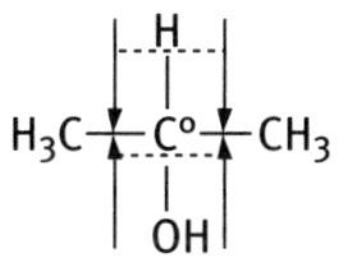

Die Oxidationszahl für C ist 0!

C—H	–1
C—C	0
C—C	0
C—O	+1

Summe 0!

Dieses zunächst umständlich erscheinende Verfahren wird sehr schnell zur Routine und führt stets zum richtigen Ergebnis.

38.17.2 Oxidationsstufen des Kohlenstoffs in seinen Verbindungen

Die nachstehende Tabelle enthält Beispiele für Verbindungen aller für den Kohlenstoff möglichen Oxidationsstufen. Weitere Stoffklassen oder Molekültypen, die in diesem Buch nicht behandelt werden, lassen sich problemlos in die Tabelle einfügen.

Tab. 38.3: Oxidationszahlen des Kohlenstoffs

Oxidationszahl	Verbindung/Stoffklasse		
–IV	CH_4 Methan		
–III	$R—CH_3$ Alkan		
–II	$H_3C—OH$ Methanol		$R—CH_2—R$ Alkan
–I	$R—CH_2—OH$ primärer Alkohol		R_3CH Alkan
0	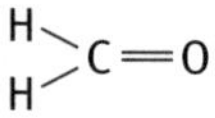 Methanal	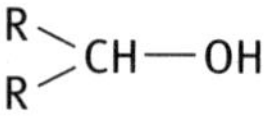 sekundärer Alkohol	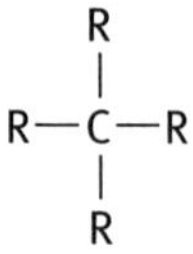 Alkan
+I	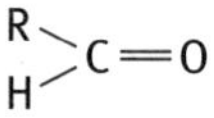 Aldehyd		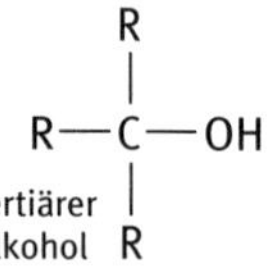 tertiärer Alkohol
+II	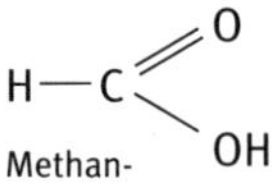 Methan-säure		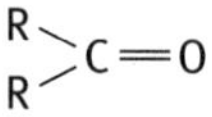 Keton
+III	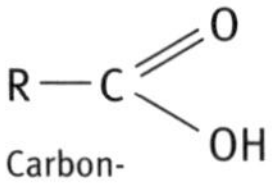 Carbon-säure		
+IV	O=C=O Kohlendioxid		

38.17.3 Die Silberspiegelprobe – ein Beispiel

Aldehyde können aufgrund ihres *Reduktionsvermögens* von den Ketonen unterschieden werden. Eine dieser *Nachweisreaktionen* ist die Reduktion von gelösten Silberionen zu elementarem Silber, das sich am Reaktionsgefäß abscheidet = *Silberspiegelprobe*. Ethanal z.B. wird dabei im alkalischen Medium zur Ethansäure oxidiert – allgemein entstehen bei diesem Vorgang aus Aldehyden (Alkanalen) die entsprechenden Carbonsäuren (Alkansäuren) – Ketone (Alkanone) reagieren nicht.

Die Erstellung einer Redoxgleichung für eine Reaktion, an der organische Moleküle beteiligt sind, erfolgt auf dem bereits bekannten Weg (siehe Kap. 37.3.5, 37.3.6).

1. Notieren des Ausgangs- und Endstoffes

2. Ermittlung der Oxidationszahlen

3. Änderung der Oxidationszahl durch Elektronen ausgleichen

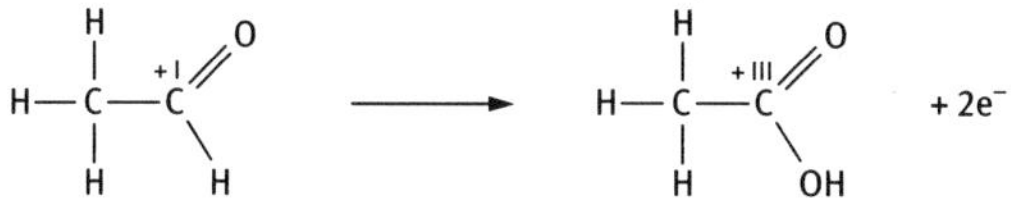

e⁻ stehen rechts bei der Oxidation

4. Ladungsvergleich
   $H_3C\text{-}CHO \rightarrow H_3C\text{-}COOH + 2e^-$
   Ladung 0 Ladung -2
5. Ladungsausgleich erfolgt mit OH^--Ionen, da im Alkalischen
   $H_3C\text{-}CHO + 2\,OH^- \rightarrow H_3C\text{-}COOH + 2e^-$
6. Berichtigung der Gleichung durch H_2O-Moleküle

$$H_3C\text{-}CHO + 2\,OH^- \rightarrow H_3C\text{-}COOH + 2e^- + H_2O$$

Teilgleichung für die **Reduktion**:

1. Notieren des Ausgangs- und Endstoffes:

   $Ag^+ \rightarrow Ag$

2. Ermittlung der Oxidationszahlen

   $\overset{+I}{Ag^+} \rightarrow \overset{0}{Ag}$ Elektronenaufnahme = Reduktion

3. + 4. e^--Ausgleich und Ladungsvergleich

   $\overset{+I}{Ag^+} + e^- \rightarrow \overset{0}{Ag}$

   Ladung 0 Ladung 0

5. Ladungsausgleich mit OH^--Ionen

   entfällt

6. Berichtigung der Gleichung durch H_2O-Moleküle

   entfällt

Teilvorgänge nach Abgleich der Elektronenzahlen zur Gesamtgleichung summieren

$H_3C\text{-}CHO + 2\,OH^- \rightarrow H_3C\text{-}COOH + 2e^- + H_2O \quad | \cdot 1$

$Ag^+ + e^- \rightarrow Ag \quad | \cdot 2$

$H_3C\text{-}CHO + 2\,OH^- \rightarrow H_3C\text{-}COOH + 2e^- + H_2O$ **Ox**

$2\,Ag^+ + 2\,e^- \rightarrow 2\,Ag$ **Red**

$H_3C\text{-}CHO + 2\,Ag^+ + 2\,OH^- \rightarrow H_3C\text{-}COOH + 2\,Ag + H_2O$ **Redox**

Redoxgesamtgleichung!

38.17.4 Die Fehlingsche Probe – ein zweites Beispiel

Eine weitere wichtige Nachweisreaktion, die vor allem in der Chemie der Kohlenhydrate zum Nachweis von Aldehydgruppen in Zuckern oft Anwendung findet, ist die *Fehling*-Reaktion.

Auch hier erfolgt eine Oxidation der Aldehydgruppe zur Carboxylgruppe. Beim Reduktionsvorgang werden Cu^{2+}-Ionen im Alkalischen zu Cu^+-Ionen reduziert, es entsteht ein charakteristischer, roter Niederschlag von Cu_2O (Kupfer-I-oxid):

$$\overset{+I}{R\text{-}CHO} + 2\,\overset{+II}{Cu^{2+}} + 4\,OH^- \rightarrow \overset{+III}{R\text{-}COOH} + \overset{+I}{Cu_2O} + 2\,H_2O$$

38.18 Überblick – organische Stoffklassen

Die organischen Stoffklassen, die innerhalb dieses Buches angesprochen werden, lassen sich in einfache Molekülstammbäume einordnen. Auf diese Weise kann ein erster systematischer Eindruck über die wichtigsten organischen Verbindungsklassen gewonnen werden:

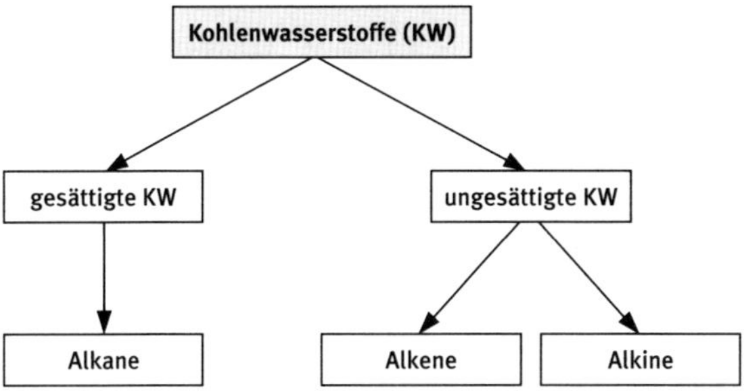

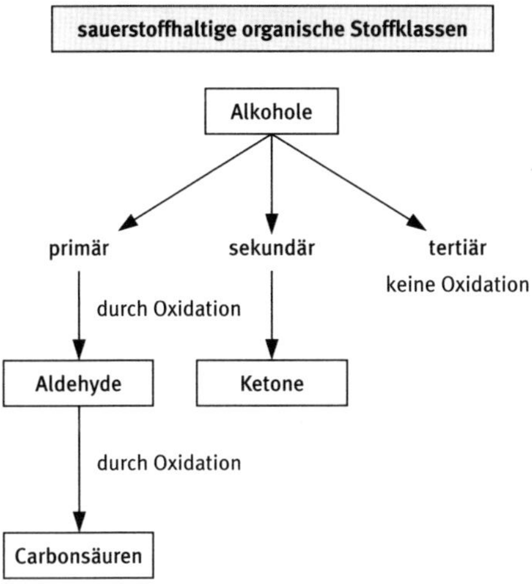

Die Übersichten bieten ein *systematisches Grundgerüst*, um dem Lernenden eine erste Orientierung in der Vielzahl der organischen Verbindungen zu vermitteln.

Weiterführende Literatur

Beyer, H./W. Walter, Lehrbuch der Organischen Chemie. Hirzel, 23. Aufl. 1999. 1034 S. zahlreiche Abb. und Tab.

Christen, H. R., Meyer, Gerd, Grundlagen der allgemeinen und anorganischen Chemie. Diesterweg; Sauerländer. Neuausgabe 1997. 744 S. mit zahlreichen meist zweifarbigen Abb.

Hollemann/Wiberg, Lehrbuch der Anorganischen Chemie. De Gruyter. 101., verbesserte und stark erweiterte Aufl. 1995. 2036 S. mit zahlreichen Abb. und Tabellen.

Mortimer, C.E., Chemie. Das Basiswissen (der organischen und anorganischen Chemie) in Schwerpunkten. Mit Übungsaufgaben. Thieme. 6. Aufl. 1996. 660 S. mit zahlreichen Abb., Formelbildern und Tab.

Stichwortverzeichnis

A

B

C

D

E

F

G

H

I

K

L

M

N

O

P

Q

R

S

T

U

V

W

X

Z